金属/咪唑类配体修饰的多金属氧酸盐的合成及电化学性质研究

于 岩●著

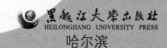

黑龙江大学出版社
HEILONGJIANG UNIVERSITY PRESS
哈尔滨

图书在版编目（CIP）数据

金属／咪唑类配体修饰的多金属氧酸盐的合成及电化
学性质研究 / 于岩著 . -- 哈尔滨：黑龙江大学出版社，
2023.4（2025.4 重印）
　ISBN 978-7-5686-0916-6

　Ⅰ . ①金… Ⅱ . ①于… Ⅲ . ①含氧酸盐－研究 Ⅳ .
① O611.65

　中国国家版本馆 CIP 数据核字（2023）第 006691 号

金属／咪唑类配体修饰的多金属氧酸盐的合成及电化学性质研究
JINSHU/MIZUO LEI PEITI XIUSHI DE DUOJINSHU YANGSUANYAN DE HECHENG JI DIANHUAXUE XINGZHI YANJIU
于　岩　著

责任编辑　李　卉
出版发行　黑龙江大学出版社
地　　址　哈尔滨市南岗区学府三道街 36 号
印　　刷　三河市金兆印刷装订有限公司
开　　本　720 毫米 ×1000 毫米　1/16
印　　张　13
字　　数　206 千
版　　次　2023 年 4 月第 1 版
印　　次　2025 年 4 月第 2 次印刷
书　　号　ISBN 978-7-5686-0916-6
定　　价　64.80 元

本书如有印装错误请与本社联系更换，联系电话：0451-86608666。

前　　言

为了探索水热条件下合成无机有机杂化化合物的影响因素,拓宽现有认知范围,本书以咪唑类配体作为有机配体,结合过渡金属离子(Cu^{2+}/Cu^+、Ag^+、Co^{2+} 等)来修饰不同类型的多酸阴离子,合成结构新颖的多酸基无机有机杂化化合物。同时,初步研究了化合物的部分性质,揭示化合物结构与性能的关系。

本书选用性质丰富和结构多样的多金属氧酸盐为主要反应原料,向反应体系中引入一定的金属、咪唑类配体,制备了一系列新颖的金属咪唑类配体修饰的多金属氧酸盐无机有机杂化材料。在材料的制备过程中,基于分子设计思想系统地研究了金属离子、体系 pH 值、多酸阴离子的电荷等因素对最终材料结构和性能的影响,以及所得部分材料的电催化、光催化、荧光等性能,从而获得了一系列结构和性能优异的多酸基无机有机杂化材料。本书总结了反应规律,优化了实验过程,为今后定向制备性质优秀、结构新颖的多酸基功能材料提供了理论基础和实验依据。

第 1 章从多金属氧酸盐的研究历史出发,分析了多金属氧酸盐的主要结构,并探索了 Keggin 型多酸基无机有机杂化化合物、Wells-Dawson 型多酸基无机有机杂化化合物、同多钼酸盐无机有机杂化化合物及特殊结构多酸基无机有机杂化化合物的研究进展。

第 2 章介绍了本书中各种化合物的合成过程、实验中所涉及的化学试剂及各种分析测试手段。

第 3 章介绍了金属/咪唑类配体修饰的 Keggin 型多酸。分别以 Ag/bim 和 Cu/bim 为基础反应体系,在一定反应条件下,引入带有不同电荷的 Keggin 结构多酸阴离子 $[PW_{12}O_{40}]^{3-}$、$[GeW_{12}O_{40}]^{4-}$ 和 $[BW_{12}O_{40}]^{5-}$ 得到化合物 1~4。保持制备化合物 4 的反应原料和其他反应条件不变,仅通过调变反应的 pH 值得到了化合物 5。运用类似的实验方法,调变配体为 bimb 或 itmb,选用 $[PMo_{12}O_{40}]^{3-}$ 为多酸阴离子、不同的金属盐得到了化合物 6~14。其中化合物 6 具有新颖的四重叉指层结构;调变配体,以 $[PMo_{12}O_{40}]^{3-}$ 为多酸阴离子得到化合物 7~11,化合物 7~11 为异质同构化合物,均展示了由新颖的螺旋桨状金属配合物键合多酸形成的 1D 链,链和链之间又相互穿插形成了 3D 叉指结构。化合物 12 中多酸阴离子连接银配合物链得到 2D 层结构;化合物 13 中 Ag2 配合物穿插在由金属配合物和多酸组成的 2D 层中,得到罕见的 2D+0D 结构;化合物 14 中多酸阴离子连接银配合物链得到 3D 结构。化合物 10 表现出优秀的电化学性质,不仅对碘酸钾的还原具有显著的电催化性能,同时对抗坏血酸的氧化也具有催化活性,是罕见的双功能电催化材料。

第 4 章介绍了金属/咪唑类配体修饰的 Wells-Dawson 型多金属氧酸盐。以 Ag/bim 为基础反应体系,利用水热合成技术引入 Dawson 型多酸阴离子 $[P_2W_{18}O_{62}]^{6-}$,得到了含有双核银簇 $\{Ag_2\}$ 的化合物 15。在相同反应原料和反应条件下,引入第二配体 im,得到含有无限银链 $\{Ag_\infty\}$ 的化合物 16。保持反应原料不变,调变配体为 itmb,得到化合物 17。再调变金属离子为 Cu,得到化合物 18。化合物 15 和化合物 16 对罗丹明 B 的降解有很好的光催化性能;化合物 15 和化合物 16 具有荧光性质,是稳定的潜在荧光材料。

第 5 章介绍了金属/咪唑类配体修饰的同多钼酸盐。以 Cu/bimb 为基础反应体系,通过调变投料中钼的存在形式,得到具有超分子结构的化合物 19 和具有多酸官能化的化合物 20。调变配体为 itmb,得到具有由内消旋螺旋链和左/右手螺旋链组成的 3D 结构的化合物 21。再调变金属为配位模式简单的钴离子,得到化合物 22。化合物 22 具有由新颖的同钼酸链连接配合物而成的 2D 层状结构。化合物 21 和化合物 22 具有荧光性质,是稳定的潜在荧光材料。

第 6 章介绍了金属/咪唑类配体修饰的钼硫簇。以 Waugh 型多酸为原料,选择 bimb 为有机配体得到化合物 23 和化合物 24。化合物 23 中含有文献未报道过的无机建筑块钼硫簇 $Mo_{17}S_8$,化合物 24 是首例具有以硫为中心杂原子的四钒帽四支撑结构的多钼酸盐。

本书由黑龙江省省属高等学校基本科研业务费科研项目(项目号 135509104)资助出版,在此表示衷心的感谢!

笔者水平有限,疏漏和不足之处在所难免,恳请广大读者评判指正。

笔者

2022 年 5 月 10 日

目　　录

第1章　绪论

1.1　研究背景

1.1.1　多金属氧酸盐的概述

多金属氧酸盐(POM)简称多酸,是无机化学中一个重要研究领域。早期的多酸化学理论认为无机含氧酸经缩合便形成缩合酸,即同种含氧酸盐缩合脱水形成同多酸;两种或两种以上含氧酸根阴离子缩合脱水形成杂多酸。在多酸中,几乎所有的过渡金属元素都可以作为杂原子,作为配原子的元素主要有钼、钨、钒、铌等。1826 年,Berzerius 报道了首例多酸化合物 $(NH_4)_3PMo_{12}O_{40} \cdot nH_2O$,直到 20 世纪 60 年代,大量含有多酸的化合物才被合成出来并确定结构。20 世纪 60 年代之后,多酸化学的基础研究呈现出前所未有的活跃。随着科学技术水平的提高,尤其是物理测试仪器的检测速度和灵敏度的提高,化合物的结构和性能的信息更加准确充实,这就促进了多酸化学进一步发展。一大批具有特殊结构如层状、多孔、链状、纳米尺度的多酸及其衍生物相继被合成出来,这极大地突破了经典多酸的范畴。多酸的合成化学现已进入分子裁剪和组装阶段,从对稳定氧化态化合物的合成及研究到对亚稳态和变价化合物及超分子化合物的研究;从对孤立结构的研究到以其为基本结构单元的修饰和拓展结构的研究。多酸的应用领域研究也进入了一个崭新的时代。因此,新型多酸的合成及性质研究已经成为无机化学研究领域一个重要的研究方向,因而倍受瞩目。

1.1.2   多酸的主要结构

如图 1-1 所示，多酸的六种经典结构分别为 Keggin、Dawson、Anderson、Waugh、Silverton 和 Lindqvist。前五种结构中均存在杂原子，故称为杂多酸（盐）；第六种结构中没有杂原子，称为同多酸（盐）。六种经典结构中最常见的是 Keggin 结构，其次是 Wells-Dawson 结构。

1933 年，英国物理学家 Keggin 最先提出了著名的 Keggin 结构。之后，Bradley 和 Illingworth 两人利用 XRD 技术对 $H_3PMo_{12}O_{40}$ 进行结构分析，验证了 Keggin 结构的存在。Keggin 结构的发现为多酸的发展奠定了坚实的基础。Keggin 型多酸的结构通式为 $[XM_{12}O_{40}]^{n-}$（X = P、Si、Ge、As 等，M = W、Mo 等），Dawson 型多酸的结构通式为 $[X_2M_{18}O_{62}]^{6-}$（X = P、Si、Ge、As 等，M = W、Mo 等——Anderson 型多酸的结构通式为 $[XM_6O_{18}]^{n-}$（X = I、Te、Al，M = Mo、W），Waugh 型多酸的结构通式为 $[XM_9O_{32}]^{n-}$，Silverton 型多酸的结构通式为 $[XM_{12}O_{42}]^{n-}$，Lindqvist 型多酸的结构通式为 $[M_6O_{19}]^{n-}$（M = W、Nb、Mo 等）。

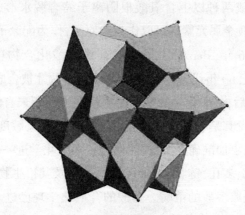

（a）Keggin 结构

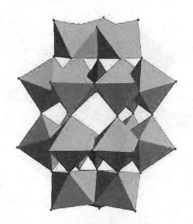

（b）Dawson 结构

（c）Anderson 结构

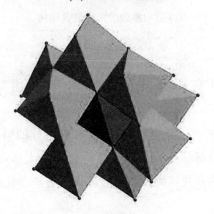

（d）Waugh 结构

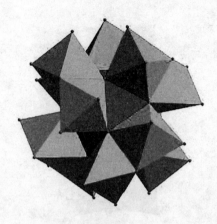

（e）Silverton 结构

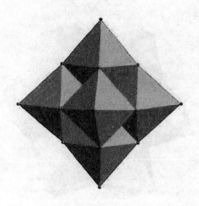

（f）Lindqvist 结构

图 1-1　多酸的六种经典结构

1.2　多酸基无机有机杂化化合物的研究进展

随着水热合成技术的广泛应用及氮、氧有机组分的引入，具有新颖结构的无机有机杂化化合物被陆续合成出来。这些化合物大体可以分为经典的多酸基无机有机杂化化合物和特殊类型的多酸基无机有机杂化化合物。

1.2.1 Keggin 型多酸基无机有机杂化化合物的研究进展

经典的 Keggin 型多酸基无机有机杂化化合物大体可以分为三类:第一类是由配合物直接修饰多酸得到的具有扩展结构的人;第二类是帽式多酸,即多酸阴离子由额外的帽中心来修饰;第三类是超分子化合物。这些具有新颖结构的化合物的成功制备丰富了多酸的修饰化学。

1.2.1.1 具有拓展结构的 Keggin 型多酸基无机有机杂化化合物的研究进展

2012 年,王秀丽等人报道了 4 个由多核银配合物修饰的无机有机杂化化合物。这些化合物中的有机配体长度因双巯甲基四唑中—$(CH_2)_n$—的个数不同而不同。如图 1-2 所示,当以 5-巯基-1-甲基四唑作为配体时,化合物的结构为 3D 非多核自穿结构,其中 $SiMo_{12}$ 阴离子占据大尺寸孔道。烷基链的长度随着巯甲基四唑之间—$(CH_2)_n$—(n = 2, 3, 4)个数的变化而改变,有机配体与 Ag^+ 形成了 $\{Ag_2\}$ 和 $\{Ag_4\}$ 配合物。在多核银配合物的形成过程中,双巯甲基四唑间烷基链的长度起到了重要的作用。

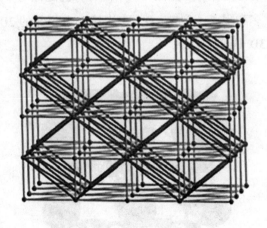

(a)

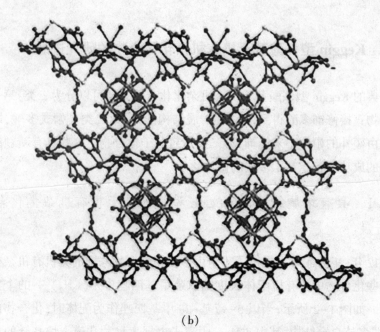

（b）

图 1-2 　[Ag$_6$Cl$_2$(mmt)$_4$(H$_4$SiMo$_{12}$O$_{40}$)(H$_2$O)$_2$]结构图(a)
与[Ag$_4$(bmtb)$_3$(SiMo$_{12}$O$_{40}$)]2D 层结构图(b)

2013 年,张志明等人报道了由 Ni/Co 与柔性配体共同修饰的 2 个 Keggin 型 [VW$_{12}$]无机有机杂化化合物。如图 1-3 所示,有机配体与金属离子配位得到了金属配合物层,多酸阴离子[VW$_{12}$O$_{40}$]$^{4-}$连接 2 个相邻的 2D 层,将化合物结构扩展为多孔的 3D 框架。

图 1-3 　化合物 3D 示意图

1.2.1.2　具有帽式结构的 Keggin 型多酸基无机有机杂化化合物的研究进展

1999 年,Xu 等人首次报道了水热条件下合成的四帽 Keggin 型混合钼钒磷酸盐$[Ni(C_2N_2H_8)_3]_2Na[Mo_2^V Mo_6^{VI} V_8^{VI} O_{40}(PO_4)] \cdot H_2O$。如图 1-4 所示,在该化合物中,$[PMo_2^V Mo_6^{VI} V_8^{IV} O_{44}]^{5-}$ 阴离子的结构可以看作在经典的 Keggin 结构上外加 4 个五配位的 $(VO)^{2+}$ 单元。在 $[Mo_2^V Mo_6^{VI} V_8^{IV} O_{40}(PO_4)]^{13-}$ 阴离子簇中,钒原子处于中心带位置,每个三金属簇中包含 1 个钒原子和 2 个钼原子。

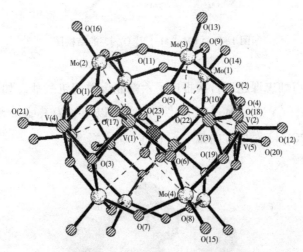

图 1-4　$[PMo_2^V Mo_6^{VI} V_8^{IV} O_{44}]^{5-}$ 的结构图

2001 年,Xu 等人通过水热反应得到了四帽 Keggin 型结构的无机有机杂化化合物$\{Ni[(NH_2)_2(C_2H_4)_2NH]_2\}_3[PMo_5^{IV} Mo_3^V V_8^{IV} O_{44}][(NH_2)_2(C_2H_4)_2NH] \cdot H_2O$ 和 1 个带有四钒帽假 Keggin 结构的化合物 $\{Co[(NH_2)_2(C_2H_4)_2NH]_2\}_2Na[PMo_6^{VI} Mo_2^V V_8^{IV} O_{44}] \cdot 8H_2O$,$[PMo_5^{IV} Mo_3^V V_8^{IV} O_{44}]^{6-}$ 结构如图 1-5 所示。

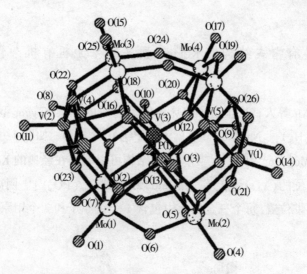

图 1-5　$[PMo_5^{IV}Mo_3^{V}V_8^{IV}O_{44}]^{6-}$ 的结构图

2002 年,卢灿忠课题组首次报道了六帽混合磷钼钒酸盐。如图 1-6 所示,在该化合物中,$[(V^VO_4)Mo_{12}^{VI}O_{36}(V^{IV}O)_6]^{9+}$ 可以理解为 Keggin 型多酸阴离子 $[(V^VO_4)Mo_{12}^{VI}O_{36}]^{3-}$ 对位方向戴了 6 个 $(V^{IV}O)^{2+}$ 帽。

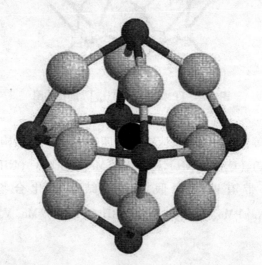

图 1-6　$[(V^VO_4)Mo_{12}^{VI}O_{36}(V^{IV}O)_6]^{9+}$ 的结构图

2003 年,王恩波课题组得到了首例以过渡金属为帽的 Keggin 型多酸。如图 1-7 所示,2 个 Ni 帽分别通过 4 个桥氧原子扣在了 Keggin 型多酸阴离子 $[PMo_9^{VI}Mo_3^{V}O_{40}]^{6-}$ 的相对两端。

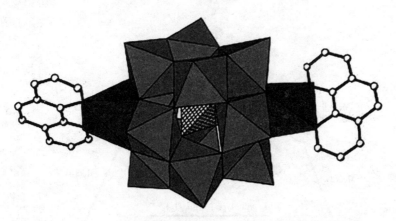

图 1-7　加入 2 个 Ni 的 $[PMo_9^{VI}Mo_3^{V}O_{40}]^{6-}$ 的结构图

2011 年,Song 等人报道了 1 例基于过渡金属取代的多酸基多孔的 POM-MOF 化合物 $[Cu_3(C_9H_3O_6)_2]_4[\{(CH_3)_4N\}_4CtopW_{11}O_{39}H]$,如图 1-8 所示。该化合物在有氧催化方面作用显著。

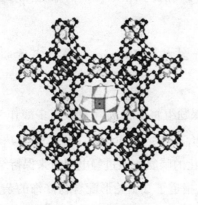

图 1-8　$[Cu_3(C_9H_3O_6)_2]_4[\{(CH_3)_4N\}_4CtopW_{11}O_{39}H]$ 的结构图

2014 年，韩占刚课题组报道了 1 例金属氧簇（H_2bpp）$_{1/2}$（H_2bpp）$_2$ [$AlMo_{12}O_{40}(MoO_2)_2$]·$2H_2O$（bpp = 1,3-di(4-pyridyl)propane），如图 1-9 所示。此结构的显著特征是 2 个{$Mo^{VI}O_2$}亚单元帽扣到亚 Keggin 型多酸骨架的 2 个相对的正方形面上。此化合物对环己醇催化氧化为环己酮具有高选择性。

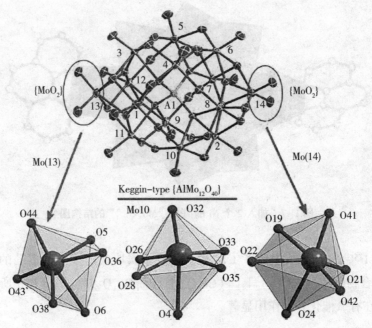

图 1-9 阴离子{$AlMo_{14}O_{44}$}的椭球图和多面体

1.2.1.3 具有超分子结构的 Keggin 型多酸基无机有机杂化化合物的研究进展

2006 年，Alizadeh 课题组将手性的脯氨酸与多酸作为初始反应物，得到了具有超分子结构的[$C_5H_{10}NO_2$]$_3$[$PMo_{12}O_{40}$]·$4.5H_2O$。在这个化合物中，阴离子[$PMo_{12}O_{40}$]$^{3-}$和质子化的脯氨酸通过静电引力来保持结构稳定。

2012 年，Ruan 等人报道了 2 个轮形配合物修饰的杂多酸化合物。如图 1-10 所示，在这 2 个化合物中，配体和 Cu^{2+}配位，分别形成了轮形配合物{Cu_{20}}和{Cu_{30}}。轮与轮相互堆积成框架结构，此框架结构具有一定的孔道，能够容纳

PMo$_{12}$ 多阴离子填充于孔道当中。

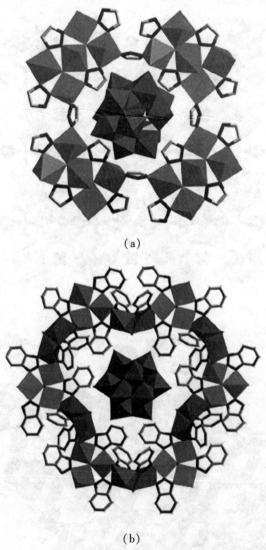

(a)

(b)

图 1-10　$[Cu_{20}(ta)_{20}(\mu_3\text{-}OH)_8]^{12+}$ 的 Cu$_{20}$ 轮(a)
与 $[Cu_{30}(bta)_{30}(\mu_3\text{-}OH)_6(\mu_2\text{-}OH)_6]^{18+}$ 的 Cu$_{30}$ 轮(b)

2013 年,苏占华等人合成了 3 个基于 Cu-吡嗪和 Keggin 型多酸的多孔配合物。如图 1-11 所示,有机配体吡嗪与 Cu 原子配位形成了 2D 层和 3D 框架结构,多阴离子PMo_{12}被镶嵌在框架当中。

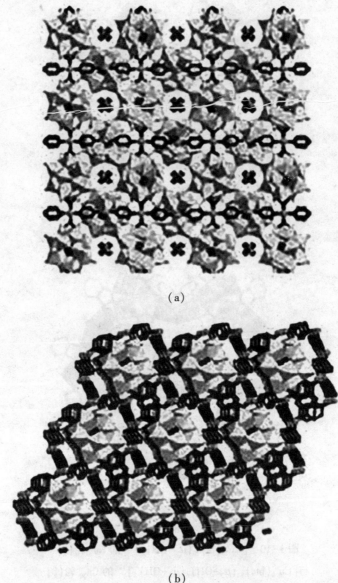

(a)

(b)

图 1-11　化合物(a)$[Cu^I(pz)]_3[PMo_{12}^{VI}O_{40}]$

和(b)$[Cu^I(pz)_{1.5}]_4[PMo^VMo_{11}^{VI}O_{40}] \cdot pz \cdot 2H_2O(pz = pyrazine)$的结构图

2014 年,张磊等人合成了 2 个以 Keggin 型多酸阴离子为模板的同构杂化化合物。如图 1-12 所示,当 pH 值为 4.64 时,椅型的四核簇 $[Ag_4(\mu_3-Cl)_2]^{2+}$ 和额外的 Ag^+ 被有机配体连接形成具有两种不同类型空隙的 2D 双层结构,双层堆积为 3D 超分子主体框架,Keggin 型 $[SiW_{12}O_{40}]^{4-}$ 阴离子和水分子作为客体填充至 1D 通道。如图 1-13 所示,当 pH 值为 5 时,他们首次得到六重互穿网络阳离子模板。其最突出的结构特点是在六重互穿网络中沿 a 轴有一条纳米级通道可以容纳 Keggin 型多酸阴离子和水分子为客体来填充。

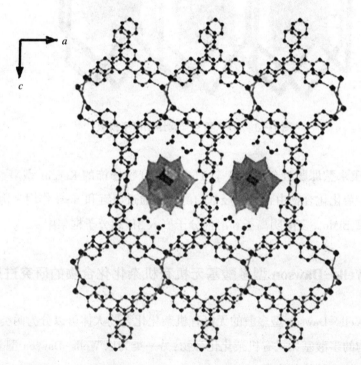

图 1-12　化合物 $[Ag_6(tpt)_4(SiW_{12}O_{40})Cl_2]\cdot 2H_2O$ 中包含 1 个 2D 双层结构

图 1-13　3D 六重互穿网络阳离子模板

同年,王永慧课题组合成了 2 个 Yb/Ca 配合物修饰的 Keggin 型多酸基杂化化合物。杂化化合物由含水和羟基的配合物通过氢键和 π-π 作用来构成 3D 超分子框架,$SiMo_{12}$ 多酸阴离子和溶剂分子嵌入 3D 超分子框架中。

1.2.2　Wells-Dawson 型多酸基无机有机杂化化合物的研究进展

基于 Wells-Dawson 型多酸的无机有机杂化化合物大体可以分为两类:一类是扩展结构的多酸基无机有机杂化化合物;另一类为以 Wells-Dawson 型多酸为模板的具有特殊结构的多酸。

1.2.2.1　扩展结构的 Wells-Dawson 型多酸簇的研究进展

2007 年,王恩波课题组利用对苯二胺有机配体合成了 1 个化合物,其中多阴离子以螯合方式和过渡金属配位,构筑了链式结构。2008 年,刘术侠课题组报道了 2 例以经典的 Wells-Dawson 型多酸阴离子为模板而构筑的金属有机框架。如图 1-14 所示,该框架由草酸根将第二过渡金属连接组成双核簇,由

4,4′–联吡啶配体进一步连接,形成具有孔道的 3D 框架,孔道被客体多阴离子、联吡啶分子和水分子占据。

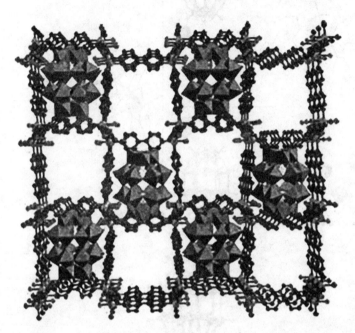

图 1-14　$[Co_2(bpy)_3(H_2O)_2(ox)][P_2W_{18}O_{62}]_2(H_2bpy) \cdot 3H_2O$ 的 3D 主体框架

2013 年,Xu 等人报道了 1 例罕见的由中性金属–有机大环修饰的 Wells-Dawson 型多钨酸阴离子。如图 1-15 所示,在该化合物中,Cu^{2+} 和有机配体形成中性的金属有机环,Wells-Dawson 多阴离子借助碱金属 K^+ 与有机环相连,位于环的上下两侧。

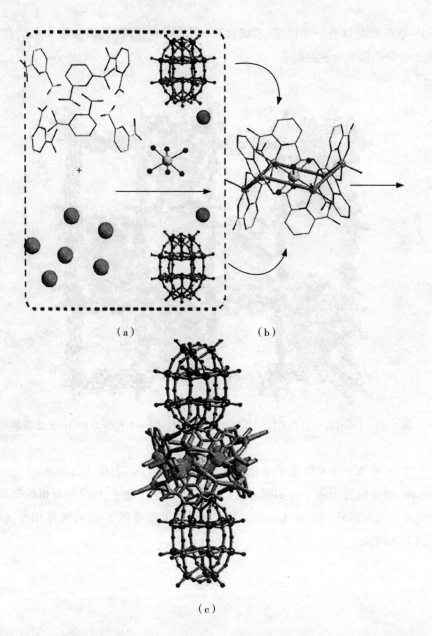

（a）　　　　　　　　　　　（b）

（c）

图 1-15　化合物 $\{Na(H_2O)_6\}Cu_6(pdc)_6K_{11}\cdot78(H_2O)(P_2W_{18}O_{62})_2$ 的自组装过程

（a）自组装过程中的组成部分；（b）中心捕获 $Na(H_2O)_6$ 的铜-pdc 大环的侧面图；

（c）化合物球棍结构图

1.2.2.2　特殊结构的 Wells-Dawson 型多酸簇的研究进展

相比于 Keggin 型多酸,Wells-Dawson 型多酸常见的杂原子是磷原子或硅原子,其他杂原子的化合物很少被报道。2008 年,王敬平等人报道了首个以钒为杂原子的化合物 $[Cu_2(2,2'-bipy)_2(Inic)_2(H_2O)_2][Y(Inic)_2(H_2O)_5]H_3[V_2W_{18}O_{62}]\cdot5.5H_2O$。如图 1-16 所示,化合物中含有 1 个晶体学独立的阴离子 $[V_2W_{18}O_{62}]^{6-}$、1 个双核铜阳离子 $[Cu_2(2,2'-bipy)_2(Inic)_2(H_2O)_2]^{2+}$ 和 1 个九配体的钇阳离子 $[Y(Inic)_2(H_2O)_5]^+$。

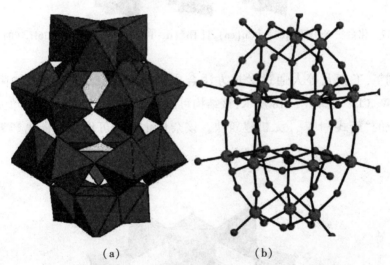

（a）　　　　　　　　　（b）

图 1-16　多面体结构图(a)和多阴离子$[\alpha-V_2W_{18}O_{62}]^{6-}$球棍结构图(b)

2014 年,赵军伟课题组报道了一系列 Ln 系金属取代的 Wells-Dawson 型阴离子双聚物修饰的无机有机杂化化合物 $Na_2H(H_2en)_6[Cu(en)_2][Ln^{III}(\alpha_2-P_2W_{17}O_{61})_2]\cdot men\cdot nH_2O$（Ln = Tb^{III}, m = 2, n = 26,化合物 1;Ln = Eu^{III}, m = 2, n = 28,化合物 2; Ln = Sm^{III}, m = 4, n = 24,化合物 3; Ln = Ce^{III}, m = 1, n = 21,化合物 4）（Ln = lanthanide, en = 1,2-ethylenediamine）。如图 1-17 所示,2 个单缺位的 $\{P_2W_{17}\}$ 夹 1 个 Ln^{III} 金属离子,形成 $\{Ln^{III}(\alpha_2-P_2W_{17}O_{61})_2\}$ 二聚物,配合物 $\{Cu(en)_2\}$ 进一步将二聚物连接成 1D 的链。在过渡金属-镧系-磷钨酸盐中,该杂化物代表了首例夹心型 Ln 系取代单缺位

Wells-Dawson 型磷钨酸盐。

图 1-17 化合物 $Na_2H(H_2en)_6[Cu(en)_2][Tb^{III}(\alpha_2-P_2W_{17}O_{61})_2] \cdot 2en \cdot 26H_2O$ 的 1D 链

同年,王新龙等人通过常规方法合成了 1 个 δ-Dawson 型多酸阴离子 $\{Mn_2^{III}W_{17}Cl_2\}$。如图 1-18 所示,该结构可以看作是由一个 $[Mn_2W_2]$ 单元修饰而形成的"船式"$\{W_{15}\}$ 无机建筑块。该杂化化合物可作为光催化产氢的催化剂。

图 1-18 化合物 $\{Mn_2^{III}W_{17}Cl_2\}$ 的多面体图

1.2.3 同多钼酸盐无机有机杂化化合物的研究进展

同多钼酸盐无机有机杂化化合物大体可以分为两类:一类是同多钼酸盐作为无机配体扩展了金属配合物的空间结构而得到的多酸基无机有机杂化化合物,另一类是同多钼酸盐的官能化。

1.2.3.1 同多钼酸盐无机有机杂化化合物拓展结构的研究进展

2005 年,李阳光等人利用 $\beta\text{-}\{Mo_8O_{26}\}^{4-}$ 同多酸阴离子、La^{3+} 和吡啶二羧酸反应制得了 1 个 3D 多孔化合物 $[\{La(H_2O)_5(dipic)\}\{La(H_2O)(dipic)\}]_2$ $\{Mo_8O_{26}\}\cdot10H_2O$,如图 1-19 所示。该化合物的 3D 结构是由 $\beta\text{-}\{Mo_8O_{26}\}^{4-}$ 多酸阴离子共价支撑 2D 稀土配合物层而得到的。

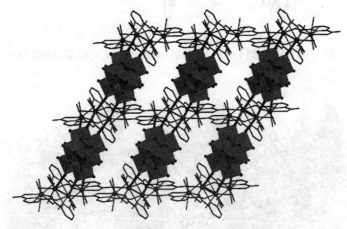

图 1-19 $[\{La(H_2O)_5(dipic)\}\{La(H_2O)(dipic)\}]_2\{Mo_8O_{26}\}\cdot10H_2O$ 的 3D 超分子骨架

2013 年,Hou 等人合成了 1 个结构新颖的金属有机框架,拓扑结构可以表示为 $(4\cdot6\cdot8)_2(4^2\cdot6^4\cdot8^3\cdot10^2\cdot12^3)(4^4\cdot6^2)_2$。如图 1-20 所示,有机配体 1,3-bis(imidazol-l-yl-methyl)benzene (L) 和 Cu^+ 得到的配合物 $[Cu_2^IL_2]$ 具有[4+4]金属-有机环状结构,Mo_8 阴离子将金属-有机环连接成具有(3,4,6)连接方式的 3D 框架结构。2014 年,Xu 等人合成了 1 个具有 3D 结构的无机有

机杂化化合物。有机配体 ttmb(1,3,5-tri(1,2,4-triazol-1-ylmethyl)-2,4,6-trimethylbenzene)和 Ag$^+$ 形成的配合物为具有波浪形的 2D 层;随后 Mo$_8$ 多酸阴离子连接配合物层得到 3D 框架结构(图 1-21)。

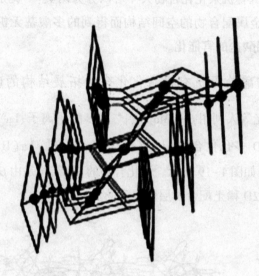

图 1-20　化合物[Cu$_2^I$L$_2$]$_2$[Mo$_8$O$_{26}$]的 3D (3,4,6)连接示意图

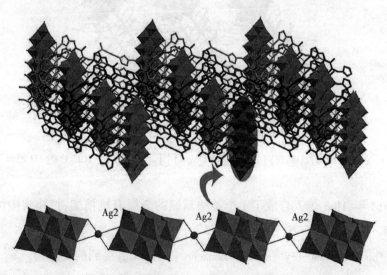

图 1-21　化合物 Ag$_4$(ttmb)$_2$(β-Mo$_8$O$_{26}$)的 3D 结构图

2014 年,王秀丽课题组报道了 3 个在不同有机胺体系中得到的铜配合物修饰的{Mo$_8$}基杂化化合物。如图 1-22 所示,当 en 存在时,含铜配合物片段和{β-Mo$_8$O$_{26}$}$^{4-}$阴离子形成了 1D 链状结构;当间苯二胺存在且 pH=3.0 时,"Z-型"含铜配合物链与 Mo$_8$ 阴离子构成 3D 框架结构;当间苯二胺存在且 pH=3.5 时,"λ-型"含铜配合物片段与 Mo$_8$ 阴离子构成 3D 框架结构。胺的种类与 pH 值发生相互协同作用,因此得到的化合物具有不同的结构。

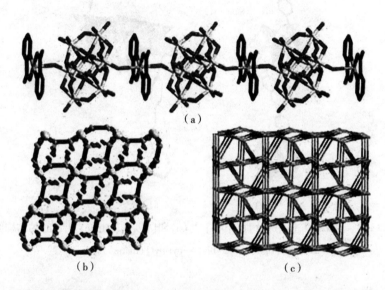

图 1-22　化合物[H$_2$en]$_2$[Cu(pzca)$_2$(Mo$_8$O$_{26}$)]·4H$_2$O 的 1D 链(a)、
化合物[Cu$_2$(pzca)$_2$(Mo$_8$O$_{26}$)$_{0.5}$(H$_2$O)$_4$]·H$_2$O 的 3D 结构(b)、
和化合物[Cu$_3^{I}$Cu$_4^{II}$(pzca)$_7$(Mo$_8$O$_{26}$)(H$_2$O)$_2$]·4H$_2$O 的 3D 拓扑图(c)

1.2.3.2　官能化的同多钼酸盐无机有机杂化化合物的研究进展

多酸功能化是多酸化学非常活跃的领域。2002 年,Kortz 课题组合成了一系列手性官能化杂化化合物。3 个 L-丙氨酸通过羧基碳原子与相邻的{MoO$_6$}八面体共用氧原子而实现氨基酸结合到杂多钼酸盐阴离子上,展现了钼八阴离子的官能化。2007 年,Atencio 课题组报道了一系列官能化的多钼酸盐。如图 1-23 所示,有机配体 bpe 与多酸阴离子直接相连,可以得到单独结构也可以得到链结构,而且官能化的化合物在水热条件下可以实现转化。

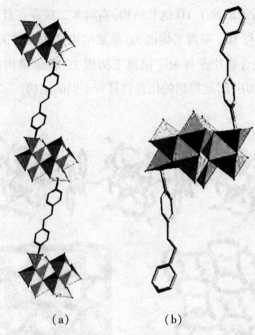

(a)　　　　　(b)

图 1-23　$\{[Mo_8O_{26}(\mu\text{-bpe})][H_2bpe]_2\}_n$(a) 和 $[Mo_8O_{26}(Hbpe)_2]^{2+}$(b) 的结构图

(bpe = 1,2-bis(4-pyridyl)ethane)

2008 年,高广刚报道了一系列官能化的多钼酸盐。化合物 $(NH_4)_4[Mo_8O_{26}(L_1)_2]\cdot 7H_2O$ 中的水分子、铵根离子与含有有机配体的多酸阴离子通过氢键连接在一起形成了 3D 超分子化合物,化合物 $(NH_4)_2Na_2[Mo_8O_{26}(L_1)_2]\cdot 8H_2O$ 中两分子的钠簇将官能化的多阴离子连接成 1D 链状结构。

1.2.4　特殊结构多酸基无机有机杂化化合物的研究进展

1.2.4.1　硫钼簇

在多酸化学中,硫可以作为杂原子来构筑多酸阴离子,也可以作为有机配体的部分基团被引进多酸化合物中,但已公开报道的化合物不是很多。

Juraja 等人合成了 $[Fe(\eta^5-C_5Me_5)_2]_5[HS_2Mo_{18}O_{62}]\cdot 3HCONMe_2\cdot 2Et_2O$ 和 $[NBu_4]_5[HS_2Mo_{18}O_{62}]\cdot 2H_2O$ 并研究了它们的电化学性质、光谱性质和磁性质。$[NBu_4]_5[HS_2Mo_{18}O_{62}]\cdot 2H_2O$ 结构如图 1-24 所示。

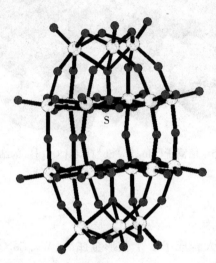

图 1-24 $[NBu_4]_5[HS_2Mo_{18}O_{62}]\cdot 2H_2O$ 的结构图

2013 年，臧红英等人报道了 5 个轮状硫代多钼酸盐：$\{Mo_{45}\}$、$\{Mo_{47}\}$、$\{Mo_{55}\}$、$\{Mo_{96}\}$、$\{Mo_{68}\}$。无机建筑块 $[Mo_5O_{18}]^{6-}$ 类似脚手架，将其他多钼簇连接成各种构型的环形硫代多钼酸簇。

1.2.4.2 锑钼簇

2008 年，薛岗林课题组报道了 1 个锑钼酸盐 $[Mo_{18}Sb_4^V Sb_2^{III}O_{73}(H_2O)_2]^{12-}$。如图 1-25 所示，其能够作为一个良好的建筑块与二价过渡金属离子如 Mn^{II}、Fe^{II}、Cu^{II} 和 Co^{II} 等反应构筑衍生物。2009 年，刘术侠课题组也报道了 1 例锑钼酸盐化合物。当在合成过程中加入无机的 $SnCl_4$ 时，得到了外消旋 $[Sb_5(OH)_{10}Mo_5O_{26}]^{7-}$；而加入有机的 $BuSnCl_3$ 时，得到的是自发拆分产物。

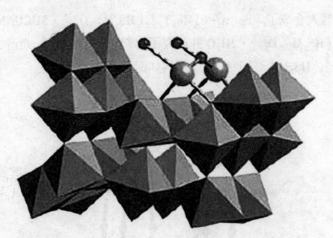

图 1-25   阴离子 $[Mo_{18}Sb_4^V Sb_2^{III} O_{73}(H_2O)_2]^{12-}$ 的结构图

1.2.4.3   高核簇

2012 年,Oliva 等人合成了 1 个鞍形金属簇 $\{W_{200}Co_8O_{660}\}$,4 个 $\{W_{15}\}$ 和 4 个 $\{W_{17}\}$ 通过共用端氧连接形成鞍形结构,24 个 $\{W_3\}$ 结构单元镶嵌在周边,8 个 Co^{2+} 嵌入其内部结构。这个化合物是迄今为止最大的离散多金属簇,其直径达到了 4 nm。2013 年,Molina 等人又报道了 1 个具有三角形结构的多酸阴离子 $[(Mn^{II}(H_2O)_3)_2(K\{\alpha-GeW_{10}Mn_2^{II}O_{38}\}_3)]^{19-}$。如图 1-26 所示,3 个 $\{\alpha-Mn_2GeW_{10}\}$ 单元以 K^+ 为中心,通过桥氧连接为三聚物,2 个 $[Mn(H_2O)_3]^{2+}$ 单元以"帽"的形式镶嵌在三聚物的两侧,或者认为其是以 $[Mn_4O_3(H_2O)_3]^{2+}$ 为支撑的 $\{\alpha-GeW_{10}\}$ 三聚物。

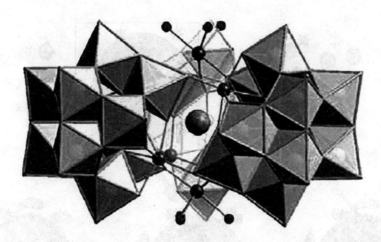

图 1-26　$[(Mn^{II}(H_2O)_3)_2(K\{\alpha\text{-}GeW_{10}Mn_2^{II}O_{38}\}_3)]^{19-}$ 阴离子的结构图

1.2.4.4　其他类型

2007 年,王胜课题组合成了 1 个"碗形"的钼钒簇 $\{Mo_{51}V_9\}$。这个簇的基本构筑单元是 $\{Mo_8\}$ 和 $\{Mo_2\}$。从上向下看,3 个 $\{NHMe_2\}$ 基位于"碗底",外部的直径为 1.93 nm($\{Mo_{57}\}$ 为 1.97 nm)。较高的内部直径为 0.8 nm,较低的内部直径为 0.4 nm($\{Mo_{57}\}$ 为 0.5 nm)。2008 年,刘天波课题组利用 2.5 nm 的 $\{Mo_{72}Fe_{30}\}$ Keplerate 型多酸球构筑出直径约为 60 nm 的"黑莓状"。$\{Mo_{72}Fe_{30}\}$ 显电中性,在 pH 值为 7~8 的水溶液中去质子化形成大阴离子,与具有阳离子感应的荧光金霉素自组装形成荧光"黑莓"。如图 1-27 所示,"黑莓"表面有 1000 多个大阴离子,所形成的电荷层将内部环境与外部大量水溶液分离。内部处于疏水环境,小阳离子可以缓慢通过该薄膜但是阴离子无法通过。

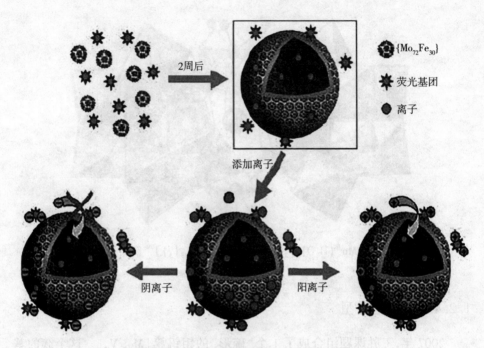

图 1-27 包含荧光基团的{Mo₇₂Fe₃₀}的形成过程

图中标注：2周后；添加离子；阴离子；阳离子；$\{Mo_{72}Fe_{30}\}$；荧光基团；离子

2009 年,Chen 等人报道了 1 个轮状钨磷酸盐化合物。在其化合物结构中,4 个{P₂W₁₂}基本单元构成 1 个环状结,20 个铜原子镶嵌其中。2012 年,杜东英报道了 1 例罕见的多酸基晶体管。如图 1-28 所示,2 个{P₄Mo₆}多阴离子、2 个 Na⁺、1 个 Mn²⁺及 Zn/im 配合物连接成 1 个基本单元,此单元又由 Mn²⁺和 Zn/im 片段连接成具有孔道结构的框架。该课题组将其制备成金纳米粒子反应器,其表现出很好的催化作用。

图 1-28　{Zn(im)} 多酸基 3D 框架

2013 年, 鹿颖等人合成了 3 个以 [$MnV_{13}O_{38}$] 为建筑单元的纯无机多孔框架。如图 1-29 所示, [$MnV_{13}O_{38}$] 单元彼此之间由 Ln^{3+} 连接成沿 6 个方向或 2 个方向拥有孔道的框架结构。这些杂化化合物表现出良好的吸附性能和催化效果。

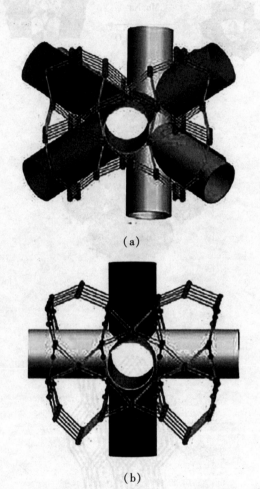

（a）

（b）

图1-29　化合物 H[La(H₂O)₄]₂[MnV₁₃O₃₈]·9NMP·17H₂O
（NMP = N-methyl-2-pyrrolidone）的拓扑结构（a），
化合物 H[La(H₂O)₄]₂[MnV₁₃O₃₈]·8NMP·9H₂O 的拓扑结构（b）

1.3　研究的目的与意义

多酸以其丰富的结构类型及优良的物理化学特性而倍受关注。目前，虽然大量具有新颖结构的多酸盐化合物不断涌现,但是很多化合物的合成机理尚不清楚,合成过程中通常存在着随机性和非定向性。因此,通过选择一定的金属或金属配合物来修饰多酸,合成具有新颖结构的杂化化合物是多酸化学领域中非常有意义的课题。

合理选择有机配体对于合成具有新颖结构的无机有机杂化化合物具有很重要的意义。咪唑类配体因氮可作为潜在配位点且很少被系统研究而引起笔者的注意。

基于以上分析,本书研究的核心思路是利用水热合成技术,采用经典的多金属氧簇为基本构筑单元,分别引入过渡金属配合物以及有机官能团来修饰多金属氧簇,合成具有一定功能特性的多酸化合物。研究这类化合物的合成条件、物质结构、功能特性以及新物质结构和性能间的关系,为此类化合物在荧光、电材料以及催化等方面的应用提供理论和实验基础。

第2章 合成方法与测试手段

2.1 实验试剂

本书中所使用的化学试剂均为分析纯,且未进一步纯化。实验所需主要试剂如表 2-1 所示。

表 2-1 实验所需主要试剂

试剂名称	分子式
硝酸银	$AgNO_3$
钨酸钠	$NaWO_4 \cdot 2H_2O$
bim	$C_6H_6N_4$
bimb	$C_{12}H_{10}N_4$
itmb	$C_{12}H_{11}N_5$
磷钨酸	$H_3[PW_{12}O_{40}] \cdot xH_2O$
磷钼酸	$H_3[PMo_{12}O_{40}] \cdot xH_2O$
硅钨酸	$H_4[SiW_{12}O_{40}] \cdot xH_2O$
钼酸铵	$H_{24}Mo_7N_6O_{24} \cdot 4H_2O$
三氧化二锑	Sb_2O_3

续表

试剂名称	分子式
硝酸铜	$Cu(NO_3)_2 \cdot 3H_2O$
乙酸钴	$C_4H_6CoO_4 \cdot 4H_2O$
乙酸铜	$C_4H_6CuO_4 \cdot H_2O$
氯化镍	$NiCl_2 \cdot 6H_2O$
氯化铜	$CuCl_2 \cdot 2H_2O$
氯化钴	$CoCl_2$
硫酸锰	$MnSO_4 \cdot 4H_2O$

2.2 合成方法

无机有机杂化化合物的合成方法分为水热合成方法和常规合成方法。本书采用水热合成方法,即将反应物置于反应釜中,一定温度下恒温晶化数天,然后缓慢冷至室温,得到晶态材料,用去离子水冲洗化合物并自然风干。

2.2.1 金属/咪唑类配体修饰的 Keggin 型多酸的合成

2.2.1.1 化合物 $\{[Ag_4(bim)_4][GeW_{12}O_{40}]\} \cdot 2H_2O(1)$ 的合成

首先将反应物 GeO_2(0.2 mmol,21 mg)、Na_2WO_4(0.4 mmol,133 mg)、$AgNO_3$(0.3 mmol,50 mg)、bim(0.5 mmol,65 mg)和 H_2O(15 mL)混合并搅拌,用稀 HNO_3 调节 pH 值为 3.0。然后将混合物装入 18 mL 反应釜中,160 ℃恒温 3 天,缓慢冷却至室温,得到橘色块状晶体(产率 45%,以 W 计)。元素分析 $\{[Ag_4(bim)_4][GeW_{12}O_{40}]\} \cdot 2H_2O$ 的理论值(%)为:C,7.35;H,0.72;N,5.71;Ag,11.00;W,56.24。实验值(%)为:C,7.39;H,0.81;N,5.64;Ag,

10.89；W，56.13。

2.2.1.2 化合物 $\{[Ag_6(bim)_6][BW_{12}O_{40}][OH]\} \cdot 3H_2O(2)$ 的合成

化合物 2 的合成过程与化合物 1 类似，只是将 GeO_2 替换为 H_3BO_3（0.2 mmol，12 mg），得到黄色块状晶体（产率 45%，以 W 计）。元素分析 $\{[Ag_6(bim)_6][BW_{12}O_{40}][OH]\} \cdot 3H_2O$ 的理论值（%）为：C，9.87；H，0.99；N，7.67；B，0.25；Ag，14.78；W，50.37。实验值（%）为：C，9.98；H，1.12；N，7.59；B，0.31；Ag，14.68；W，50.31。

2.2.1.3 化合物 $[Cu^I(bim)_2]_2[HPW_{12}O_{40}](3)$ 的合成

首先将反应物 $H_3PW_{12}O_{40} \cdot 12H_2O$（0.05 mmol，150 mg）、$Cu(NO_3)_2 \cdot 3H_2O$（0.1 mmol，24 mg）、bim（0.2 mmol，26 mg）和 H_2O（12.0 mL）混合，搅拌 1.5 h，用 HCl 调节 pH 值为 3.0～3.5。然后将混合物装入 18 mL 反应釜中，160 ℃ 晶化 4 天，缓慢冷却至室温，得到绿色块状晶体（产率 47%，以 W 计）。元素分析 $[Cu^I(bim)_2]_2[HPW_{12}O_{40}]$ 的理论值为：C，8.14；H，0.71；N，6.33；P，0.87；Cu，3.59；W，62.29。实验值（%）为：C，7.95；H，0.82；N，6.17；P，0.80；Cu，3.53；W，62.37。

2.2.1.4 化合物 $\{[Cu(bim)_2(H_2O)]_2[Cu(bim)_2][Cu(bim)_2BW_{12}O_{40}]_2\} \cdot 4H_2O(4)$ 的合成

化合物 4 的合成过程与化合物 2 类似，只是将 $AgNO_3$ 替换为 $Cu(NO_3)_2 \cdot 3H_2O$（0.1 mmol，24 mg），得到绿色块状晶体（产率 52%，以 W 计）。元素分析 $\{[Cu(bim)_2(H_2O)]_2[Cu(bim)_2][Cu(bim)_2BW_{12}O_{40}]_2\} \cdot 4H_2O$ 的理论值（%）为：C，9.63；H，0.97；N，7.49；B，0.29；Cu，4.25；W，58.98。实验值（%）为：C，9.65；H，1.12；N，7.57；B，0.35；Cu，4.32；W，58.82。

2.2.1.5 化合物 $[Cu(bim)_2(H_2O)]_2[Cu(bim)_2][BW_{12}O_{40}][OH](5)$ 的合成

化合物 5 的合成过程与化合物 4 类似，只是最终 pH 值用 NaOH 溶液调节为 5.0~5.5,得到绿色块状晶体(产率 43%,以 W 计)。元素分析[Cu(bim)$_2$(H$_2$O)]$_2$[Cu(bim)$_2$][BW$_{12}$O$_{40}$][OH]的理论值(%)为:C,11.07;H,1.06;N,8.61;B,0.28;Cu,4.88;W,56.49。实验值(%)为:C,11.23;H,1.11;N,8.71;B,0.26;Cu,4.98;W,56.85。

2.2.1.6 化合物[Cu$_4$(bimb)$_4$][PMo$_{12}$O$_{40}$][OH](6)的合成

首先将反应物 H$_3$PMo$_{12}$O$_{40}$·13H$_2$O (0.1 mmol,180 mg)、Cu(CH$_3$COO)$_2$·H$_2$O (0.2 mmol,40 mg)、bimb(0.3 mmol,64 mg)和 H$_2$O(15 mL)混合搅拌,用 NaOH 溶液调节混合物的 pH 值为 7.5。然后将混合物装入 18 mL 反应釜中,160 ℃晶化 3 天,得到黑色块状晶体(产率 39%,以 Mo 计)。元素分析[Cu$_4$(bimb)$_4$][PMo$_{12}$O$_{40}$][OH]的理论值(%)为:C,19.65;H,1.41;N,7.64;P,1.06;Cu,8.66;Mo,39.23。实验值(%)为:C,19.57;H,1.59;N,7.46;P,1.08;Cu,8.54;Mo,39.30。

2.2.1.7 化合物{[Cu(itmb)$_4$][HPMo$_{12}$O$_{40}$]}·4H$_2$O(7)的合成

化合物 7 的合成过程与化合物 6 类似,只是将 bimb 替换为 itmb(0.5 mmol,120 mg),得到黑色块状晶体(产率 39%,以 Mo 计)。元素分析{[Cu(itmb)$_4$][HPMo$_{12}$O$_{40}$]}·4H$_2$O 的理论值(%)为:C,20.16;H,1.87;N,9.80;P,1.08;Cu,2.22;Mo,40.26。实验值(%)为:C,20.37;H,1.92;N,9.70;P,1.28;Cu,2.11;Mo,40.08。

2.2.1.8 化合物{[Cu(itmb)$_4$][HPW$_{12}$O$_{40}$]}·4H$_2$O(8)的合成

化合物 8 的合成过程与化合物 7 类似,只是将 H$_3$PMo$_{12}$O$_{40}$·13H$_2$O 替换为 H$_3$PW$_{12}$O$_{40}$·12H$_2$O (0.2 mmol, 600 mg),得到绿色块状晶体(产率 33%,以 W 计)。元素分析{[Cu(itmb)$_4$][HPW$_{12}$O$_{40}$]}·4H$_2$O 的理论值(%)为:C,14.73;H,1.36;N,7.16;P,0.79;Cu,1.62;W,56.36。实验值(%)为:C,14.77;H,1.43;N,7.08;P,0.83;Cu,1.67;W,56.28。

2.2.1.9 化合物{[Ag(itmb)$_4$][H$_2$SbW$_{12}$O$_{40}$]}·2H$_2$O(9)的合成

将反应物 Sb$_2$O$_3$ (0.2 mmol,59 mg)、Na$_2$WO$_4$(0.4 mmol,133 mg)、AgNO$_3$

(0.2 mmol,34 mg)、itmb (0.5 mmol,120 mg)和 H_2O(15 mL)混合搅拌,装入 18 mL 反应釜中,160 ℃恒温 4 天,得到橘色块状晶体(产率30%,以 W 计)。元素分析$\{[Ag(itmb)_4][H_2SbW_{12}O_{40}]\}\cdot 2H_2O$ 的理论值(%)为:C,14.36;H,1.26;N,6.98;Sb,3.03;Ag,2.69;W,54.95。实验值(%)为:C,14.47;H,1.39;N,6.93;Sb,3.12;Ag,2.58;W,54.89。

2.2.1.10   化合物$[Co(itmb)_4][HPMo_8V_4^V O_{40}(V^{IV}O)_2]$(10)的合成

将反应物 $H_3PMo_{12}O_{40}\cdot 13H_2O$ (0.1 mmol,185 mg)、$Co(CH_3COO)_2\cdot 4H_2O$ (0.2 mmol,50 mg)、NH_4VO_3(0.4 mmol,40 mg)、itmb (0.5 mmol,120 mg)和 H_2O(15 mL)混合并搅拌,装入 18 mL 反应釜中,160 ℃恒温 3 天,得到黑色块状晶体(产率44%,以 Mo 计)。元素分析$[Co(itmb)_4][HPMo_8V_4^V O_{40}(V^{IV}O)_2]$的理论值(%)为:C,21.06;H,1.66;N,10.23;P,1.13;Co,2.15;Mo,28.04;V,11.17。实验值(%)为:C,21.24;H,1.68;N,10.06;P,1.24;Co,2.32;Mo,28.14;V,11.06。

2.2.1.11   化合物$[Ni(itmb)_4][H_2V^{IV}Mo_8V_4^V O_{40}(V^{IV}O)_2]$(11)的合成

将反应物$(NH_4)_6Mo_7O_{24}\cdot 4H_2O$ (0.2 mmol,245 mg)、NH_4VO_3(1 mmol,117 mg)、$NiCl_2\cdot 6H_2O$ (0.5 mmol,120 mg)、itmb (0.5 mmol,113 mg)和 H_2O(15 mL)混合搅拌,装入 18 mL 反应釜中,160 ℃恒温 4 天,得到黑色块状晶体(产率38%,以 W 计)。元素分析$[Ni(itmb)_4][H_2V^{IV}Mo_8V_4^V O_{40}(V^{IV}O)_2]$的理论值(%)为:C,20.91;H,1.68;N,10.16;V,12.93;Ni,2.13;Mo,27.83。实验值(%)为:C,20.80;H,1.77;N,10.31;V,13.05;Ni,2.34;Mo,27.95。

2.2.1.12   化合物$[Ag_5(itmb)_4][PW_{12}O_{40}][OH]_2$(12)的合成

化合物 12 的合成过程与化合物 8 类似,只是将反应物 $Cu(CH_3COO)_2\cdot H_2O$ 替换为 $AgNO_3$(0.4 mmol,68 mg),得到黑色块状晶体(产率 41%,以 W 计)。元素分析$[Ag_5(itmb)_4][PW_{12}O_{40}][OH]_2$的理论值(%)为:C,13.25;H,1.07;N,6.44;P,0.71;Ag,12.39;W,50.70。实验值(%)为:C,13.38;H,1.20;N,6.58;P,0.78;Ag,12.29;W,50.59。

2.2.1.13　化合物 $\{[Ag_3(itmb)_6(H_2SiW_{12}O_{40})_2][Ag(itmb)_2]\}$ · $4H_2O(13)$ 的合成

化合物 13 的合成过程与化合物 12 类似,只是将反应物 $H_3PW_{12}O_{40}$ · $12H_2O$ 替换为 $H_4[SiW_{12}O_{40}]$ · $14H_2O$ (0.2 mmol,600 mg),得到红棕色块状晶体(产率 42%,以 W 计)。元素分析 $\{[Ag_3(itmb)_6(H_2SiW_{12}O_{40})_2]$ $[Ag(itmb)_2]\}$ · $4H_2O$ 的理论值(%)为:C,14.31;H,1.25;N,6.95;Si,0.70;Ag,5.35;W,54.76。实验值(%)为:C,14.28;H,1.32;N,6.86;Si,0.64;Ag,5.32;W,54.83。

2.2.1.14　化合物 $[Ag_6(itmb)_4][GeW_{12}O_{40}][OH]_2(14)$ 的合成

化合物 14 的合成过程与化合物 12 类似,只是将反应物 $H_3PW_{12}O_{40}$ · $12H_2O$ 替换为 GeO_2 (0.2 mmol,21 mg)和 Na_2WO_4 (0.4 mmol,133 mg),得到黑色块状晶体(产率 35%,以 W 计)。元素分析 $[Ag_6(itmb)_4][GeW_{12}O_{40}][OH]_2$ 的理论值(%)为:C,12.81;H,1.03;N,6.22;Ge,1.61;Ag,14.38;W,49.02。实验值(%)为:C,12.76;H,1.11;N,6.28;Ge,1.54;Ag,14.27;W,49.17。

2.2.2　金属/咪唑类配体修饰的 Wells-Dawson 型多酸的合成

2.2.2.1　化合物 $\{[Ag_2(bim)_2]_5[OH]_2[Ag_4(bim)_4(P_2W_{18}O_{62})_2]\}$ · $4H_2O(15)$ 的合成

依照文献合成 $\alpha-K_6P_2W_{18}O_{62}$ · $15H_2O$。将 $\alpha-K_6P_2W_{18}O_{62}$ · $15H_2O$ (0.2 mmol,1 g)、$Ag(NO_3)_2$ (0.3 mmol,53 mg)、bim (0.5 mmol,65 mg)和 H_2O (8 mL)混合,室温搅拌,用稀 HNO_3 调节溶液的 pH 值为 3.0,将混合物装入 15 mL 反应釜中,160 ℃恒温 4 天,冷却至室温,得到绿色菱形块状晶体(产率 38%,以 W 计)。元素分析 $\{[Ag_2(bim)_2]_5[OH]_2[Ag_4(bim)_4(P_2W_{18}O_{62})_2]\}$ · $4H_2O$ 的理论值(%)为:C,8.26;H,0.78;N,6.42;P,1.01;Ag,12.36;W,54.16。实验值(%)为:C,8.32;H,0.90;N,6.49;P,1.08;Ag,12.52;W,54.27。

2.2.2.2　化合物$\{[Ag_6(bim)_6(im)_2][P_2W_{18}O_{62}]\}\cdot 4H_2O$(16)的合成

化合物16的合成方法与化合物15类似,增加了配体im(0.4 mmol, 26 mg),得到黄色块状晶体(产率35%,以W计)。元素分析$\{[Ag_6(bim)_6(im)_2][P_2W_{18}O_{62}]\}\cdot 4H_2O$的理论值(%)为:C,8.37;H,0.87;N,6.51;P,1.03;Ag,10.74;W,54.94。实验值(%)为:C,8.48;H,0.94;N,6.59;P,0.98;Ag,10.62;W,54.81。

2.2.2.3　化合物$\{[Hitmb]_2[H_4P_2W_{18}O_{62}]\}\cdot 3H_2O$(17)的合成

化合物17的合成过程与化合物15类似,只是将bim替换为itmb(0.75 mmol,180 mg),用稀HNO_3调节混合物的pH值为4.0,得到橙黄色块状晶体(产率35%,以W计)。元素分析$\{[Hitmb]_2[H_4P_2W_{18}O_{62}]\}\cdot 3H_2O$的理论值(%)为:C,5.91;H,0.70;N,2.87;P,1.27;W,69.90。实验值(%)为:C,6.03;H,0.82;N,2.77;P,1.36;W,69.78。

2.2.2.4　化合物$\{[Cu_2^{I}(itmb)_4][H_4P_2W_{18}O_{62}]\}\cdot H_2O$(18)的合成

化合物18的合成方法与化合物17类似,只是将$CuCl_2\cdot 2H_2O$替换为$AgNO_3$(0.2 mmol,34 mg),得到棕色块状晶体(产率30%,以W计)。元素分析$\{[Cu_2^{I}(itmb)_4][H_4P_2W_{18}O_{62}]\}\cdot H_2O$的理论值(%)为:C,10.65;H,0.93;N,5.17;P,1.14;Cu,2.35;W,61.13。实验值(%)为:C,10.70;H,0.97;N,5.11;P,1.19;Cu,2.44;W,61.05。

2.2.3　金属/咪唑类配体修饰的同多酸的合成

2.2.3.1　化合物$\{[bimb]_2[Mo_8O_{26}]\}\cdot 2H_2O$(19)的合成

将反应物$(NH_4)_6Mo_7O_{24}$(0.2 mmol,116 mg)、$Cu(NO_3)_2\cdot 3H_2O$(0.2 mmol,49 mg)、bimb(0.4 mmol,84 mg)和H_2O(8 mL)混合,常温搅拌1 h,装入18 mL反应釜中,160 ℃恒温晶化3天,缓慢冷却至室温,水洗后置于空气

中自然干燥,得到浅蓝色块状晶体(产率 35%,以 Mo 计)。元素分析 $\{[bimb]_2[Mo_8O_{26}]\}\cdot 2H_2O$ 的理论值(%)为:C,17.53;H,1.72;N,6.82;Mo,46.68。实验值(%)为:C,17.39;H,1.82;N,6.78;Mo,46.60。

2.2.3.2 化合物 $\{[bimb]_2[H_2Mo_8O_{26}]\}\cdot 2H_2O$ (20) 的合成

化合物 20 的合成过程与化合物 19 类似,只是将 Na_2MoO_4 替换为 $(NH_4)_6Mo_7O_{24}(0.2\ mmol,116\ mg)$,得到黄色菱形块状晶体(产率 40%,以 Mo 计)。元素分析 $\{[bimb]_2[H_2Mo_8O_{26}]\}\cdot 2H_2O$ 的理论值(%)为:C,17.53;H,1.72;N,6.82;Mo,46.68。实验值(%)为:C,17.42;H,1.84;N,6.89;Mo,46.82。

2.2.3.3 化合物 $\{[Cu_2(itmb)_2][Mo_8O_{26}]\}\cdot 8H_2O$ (21) 的合成

将反应物 $(NH_4)_6Mo_7O_{24}\cdot 4H_2O$ (0.4 mmol,500 g)、itmb (0.75 mmol,180 g)、$CuCl_2\cdot 2H_2O$ (1 mmol,160 g) 和 H_2O (15 mL) 室温搅拌,装入 18 mL 反应釜中,160 ℃ 恒温 4 天,冷至室温,得到蓝色块状晶体(产率 42%,以 Mo 计)。元素分析 $\{[Cu_2(itmb)_2][Mo_8O_{26}]\}\cdot 8H_2O$ 的理论值(%)为:C,15.42;H,1.83;N,7.49;Cu,6.80;Mo,41.06。实验值(%)为:C,15.46;H,1.91;N,7.54;Cu,6.74;Mo,41.13。

2.2.3.4 化合物 $\{[Co(itmb)_2][H_2Mo_8O_{26}]\}\cdot 2H_2O$ (22) 的合成

化合物 22 与化合物 21 的合成过程类似,只是将 $CuCl_2\cdot 2H_2O$ 替换为 $CoCl_2\cdot 6H_2O$ (0.5 mmol,120 mg),得到橘色块状晶体(产率 35%,以 W 计)。元素分析 $\{[Co(itmb)_2][H_2Mo_8O_{26}]\}\cdot 2H_2O$ 的理论值(%)为:C,16.65;H,1.63;N,8.09;Co,3.40;Mo,44.34。实验值(%)为:C,16.49;H,1.69;N,8.06;Co,3.34;Mo,44.29。

2.2.4 金属/咪唑类配体修饰的钼硫簇的合成

2.2.4.1 化合物 $[bimb]_2[H_{18}Mo_5^{II}Mo_{12}^{V}O_{68}S_8]$ (23) 的合成

依照文献合成 $(NH_4)_6MnMo_9O_{32}\cdot 8H_2O$。将反应物 $(NH_4)_6MnMo_9O_{32}\cdot$

8H$_2$O（0.3 mmol，500 mg）、CoCl$_2$·6H$_2$O（0.5 mmol，120 mg）、K$_2$S$_2$O$_8$（0.3 mmol，81 mg），bimb（0.2 mmol，44 mg）和 H$_2$O（15 mL）混合搅拌 2 h，用稀 H$_2$SO$_4$ 调节溶液的 pH 值为 4.0~4.1。将混合物装入 18 mL 反应釜中，160 ℃恒温 4 天，然后冷却至室温，得到橙色块状晶体（产率 12%，以 Mo 计）。元素分析 [bimb]$_2$[H$_{18}$Mo$_5^{II}$Mo$_{12}^{V}$O$_{68}$S$_8$] 的理论值（%）为：C，8.44；H，1.12；N，3.28；S，7.51；Mo，47.77。实验值（%）为：C，8.36；H，1.23；N，3.42；S，7.41；Mo，47.64。

2.2.4.2　化合物 [Co(bimb)$_2$]$_2$[SMo$_8$V$_8$O$_{44}$][OH]$_2$(24) 的合成

化合物 24 的合成过程与化合物 23 类似，只是加入了 NH$_4$VO$_3$（0.40 mmol，47 mg），用 NaOH 溶液调节 pH 值为 4.4~4.5，得到黑色块状晶体（产率 15%，以 Mo 计）。元素分析 [Co(bimb)$_2$]$_2$[SMo$_8$V$_8$O$_{44}$][OH]$_2$ 的理论值（%）为：C，19.85；H，1.46；N，7.72；S，1.10；Mo，26.43；V，14.03；Co 4.06。实验值（%）为：C，19.92；H，1.56；N，7.60；S，1.22；Mo，26.51；V，14.22；Co 4.27。

2.3　分析测试手段

2.3.1　实验仪器及参数

本书中实验仪器及参数信息如表 2-2 所示。

表 2-2　实验仪器及参数

仪器及测试名称	型号	参数设置
红外光谱（IR）	Alpha Centaurt FT/IR	测定范围设定为 400~4000 cm^{-1}，KBr 压片
热重分析（TGA）	Perkin-Elmer TGA7	N$_2$ 保护，加热速度为 10 ℃·min^{-1}

续表

仪器及测试名称	型号	参数设置
单晶 X 射线衍射	CCD 面探	测试温度为 293 K,使用 SHELXTL-97 程序以直接法解析,并用最小二乘法 F^2 精修,采用理论加氢的 方式得到氢原子的位置
X 射线粉末衍射 (PXRD)	Rigaku RINT2000	测试角度为 5°~40°
X 射线光电子 能谱 (XPS)	VG ESCALAB MK II	Mg 靶 K_α 射线作为 X 射线源(1253.6 eV)
荧光光谱	FL-2T2 (USA)	—

2.3.2　电化学分析

采用 CHI660 电化学工作站测试电化学数据。常规三电极体系:化合物修饰的碳糊电极为工作电极, Ag/AgCl 为参比电极,铂丝为对极。

碳糊电极的制备过程:称取 8 mg 化合物,用玛瑙研钵研磨约 0.5 h,再称取 80 mg 石墨,将混合物用玛瑙研钵充分研磨大约 2 h,向混合物中加入液体石蜡,将混合物装入细玻璃管中,管的上部插入铜丝。

2.3.3　光催化实验

将 50 mg 化合物加入 90 mL 10 mg·L^{-1} 罗丹明 B 溶液中。将悬浮液超声 10 min,避光搅拌 0.5 h,用 250 W 紫外灯照射混合物溶液,每隔一段时间取一次溶液,离心分离。所获上层清液用紫外-可见分光光度计测吸光度。

第 3 章 金属/咪唑类配体 修饰的 Keggin 型多酸

3.1 引言

    无机有机杂化化合物通常也称为配位高分子化合物,是将配合物中金属中心直接连到多酸阴离子上形成一维、二维甚至三维的结构,通过这种方法可以实现无机组分与有机组分性能上的互补。采取这种合成思路,现已合成了大量具有新颖结构的化合物。目前,无机有机杂化化合物作为材料化学、合成化学等学科领域的重要研究方向,已成为化学家们研究的热点之一。在此领域中,多酸由于其自身优良的性质和结构特性,在光化学、生物化学和催化等方面具有广泛的应用前景。此外,由于其表面有丰富的配位氧原子和良好的反应活性,Keggin 型多金属氧酸盐已成为构筑无机有机杂化化合物的优秀无机建筑块。

    水热法是合成无机有机杂化化合物最常用的方法,但是由于反应受条件、原始反应物等影响,经常不可预测反应产物的结构,因此水热合成技术也被比喻为"黑匣子"。不同的金属阳离子、有机配体、多酸阴离子以及调节反应的 pH 值等都可能影响最终产物的结构和性质。很多课题组已经研究了以上因素对反应产物的影响,例如:Zubieta 课题组报道了具有不同配位模式的金属离子对结构的影响。杨进课题组报道了不同金属离子对合成产物的影响。笔者课题组也报道了不同的 pH 值会导致产物结构的不同,这些研究有利于了解水热合成的本质。但是对于含有咪唑类配体的无机有机杂化化合物的水热合成过程研究还不够深入。

　　基于以上考虑,笔者以 Keggin 型多酸为基础建筑单元,通过调整咪唑类配体、溶液 pH 值及金属离子等条件,合成了 14 个文献未报道过的杂化化合物,研究了多酸阴离子电荷、pH 值等对最终产物结构的影响,以及部分化合物的物理、化学性质,并初步探讨了电化学反应的机理。化合物的分子式分别为:

$$\{[Ag_4(bim)_4][GeW_{12}O_{40}]\} \cdot 2H_2O \tag{1}$$

$$\{[Ag_6(bim)_6][BW_{12}O_{40}][OH]\} \cdot 3H_2O \tag{2}$$

$$[Cu^I(bim)_2]_2[HPW_{12}O_{40}] \tag{3}$$

$$\{[Cu(bim)_2(H_2O)]_2[Cu(bim)_2][Cu(bim)_2BW_{12}O_{40}]_2\} \cdot 4H_2O \tag{4}$$

$$[Cu(bim)_2(H_2O)]_2[Cu(bim)_2][BW_{12}O_{40}][OH] \tag{5}$$

$$[Cu_4(bimb)_4][PMo_{12}O_{40}][OH] \tag{6}$$

$$\{[Cu(itmb)_4][HPMo_{12}O_{40}]\} \cdot 4H_2O \tag{7}$$

$$\{[Cu(itmb)_4][HPW_{12}O_{40}]\} \cdot 4H_2O \tag{8}$$

$$\{[Ag(itmb)_4][H_2SbW_{12}O_{40}]\} \cdot 2H_2O \tag{9}$$

$$[Co(itmb)_4][HPMo_8V_4^V O_{40}(V^{IV}O)_2] \tag{10}$$

$$[Ni(itmb)_4][H_2V^{IV}Mo_8V_4^V O_{40}(V^{IV}O)_2] \tag{11}$$

$$[Ag_5(itmb)_4][PW_{12}O_{40}][OH]_2 \tag{12}$$

$$\{[Ag_3(itmb)_6(H_2SiW_{12}O_{40})_2][Ag(itmb)_2]\} \cdot 4H_2O \tag{13}$$

$$[Ag_6(itmb)_4][GeW_{12}O_{40}][OH]_2 \tag{14}$$

本章配体如图 3-1 所示,bim = 2,2′-biimidazole,bimb = 1,3-(1-imidazoly)benzene, itmb = 1-(imidazo-1-ly)-4-(1,2,4-triazol-1-ylmethyl)benzene。

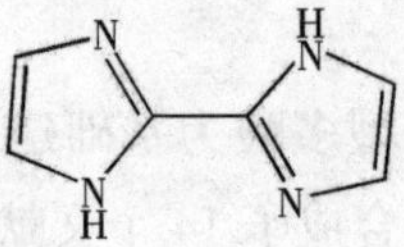

（a）

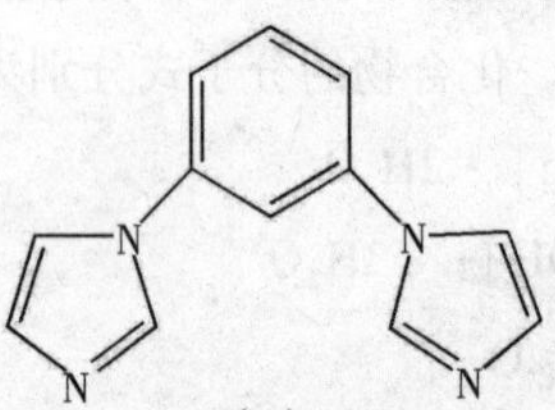

（b） 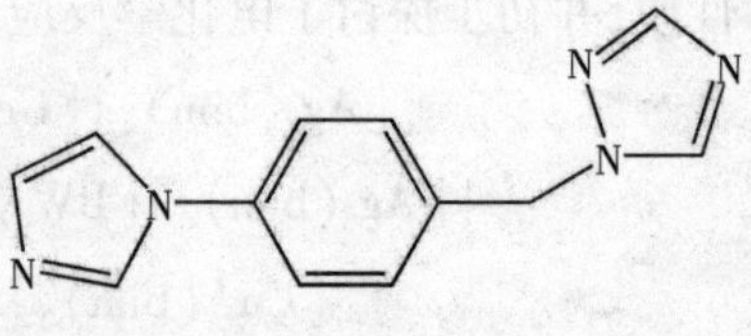   （c）

图 3-1   配体的结构图
（a）bim；（b）bimb；（c）itmb

3.2   金属/bim 修饰的 Keggin 型多酸

3.2.1   金属/bim 修饰的 Keggin 型多酸的结构

3.2.1.1   X 射线晶体学测定

化合物 1~5 的晶体数据和结构精修数据见表 3-1 和表 3-2。

表 3-1   化合物 1 和化合物 2 的晶体数据和结构精修数据

化合物	1	2
化学式	$C_{24}H_{28}N_{16}Ag_4GeW_{12}O_{42}$	$C_{36}H_{43}N_{24}Ag_6BW_{12}O_{44}$
相对分子质量	3922.83	4380.09
晶系	Monoclinic	Triclinic
空间群	$P2(1)/n$	$P-1$
$a/\text{Å}$	14.106(5)	11.555(5)

续表

化合物	1	2
$b/Å$	15.869(5)	12.977(5)
$c/Å$	15.596(5)	14.813(5)
$\alpha/(°)$	90.000	75.184(5)
$\beta/(°)$	94.472(5)	71.100(5)
$\gamma/(°)$	90.000	67.096(5)
$V/Å^3$	3481.0(2)	1914.2(13)
Z	2	1
$D_{calcd}/(g·cm^{-3})$	3.716	3.762
μ/mm^{-1}	21.349	19.542
Goodness-of-fit on F^2	0.0968	1.0660
[a]$R_1[I>2\sigma(I)]$	0.0670	0.0755
$wR_2[I>2\sigma(I)]$	0.1490	0.1644
R_1(all data)	0.1286	0.0986
[b]wR_2(all data)	0.1748	0.1783

注：[a]$R_1 = \sum(\parallel F_o \mid - \mid F_c \parallel)/\sum \mid F_o \mid$，[b]$wR_2 = \sum[w(F_o^2 - F_c^2)^2]/\sum[w(F_o^2)^2]^{1/2}$。

表 3~2　化合物 3~5 的晶体数据和结构精修数据

化合物	3	4	5
化学式	$C_{24}H_{25}N_{16}Cu_2PW_{12}O_{40}$	$C_{60}H_{72}N_{40}Cu_5B_2W_{24}O_{86}$	$C_{36}H_{41}N_{24}Cu_3BW_{12}O_{43}$
相对分子质量	3541.81	7481.20	3905.50
晶系	Triclinic	Triclinic	Monoclinic

续表

化合物	3	4	5
空间群	P-1	P-1	$P2(1)/n$
$a/\text{Å}$	11.026(5)	11.365(5)	19.766(5)
$b/\text{Å}$	11.438(5)	12.874(5)	18.419(5)
$c/\text{Å}$	13.114(5)	22.324(5)	20.957(5)
$\alpha/(°)$	75.135(5)	92.220(5)	90.000
$\beta/(°)$	88.589(5)	92.287(5)	112.797(5)
$\gamma/(°)$	78.865(5)	90.891(5)	90.000
$V/\text{Å}^3$	1567.9(12)	3261.0(2)	7034.0(3)
Z	1	1	4
$D_{calcd}/(\text{g} \cdot \text{cm}^{-3})$	3.826	3.803	3.683
μ/mm^{-1}	22.708	21.975	20.532
Goodness-of-fit on F^2	0.945	1.041	0.902
[a]$R_1[I>2\sigma(I)]$	0.0620	0.0325	0.0521
$wR_2[I>2\sigma(I)]$	0.1540	0.0794	0.0886
$R_1($all data$)$	0.1041	0.0384	0.1333
[b]$wR_2($all data$)$	0.1735	0.0824	0.1087

3.2.1.2 化合物的晶体结构

（1）化合物 1 的单晶结构

单晶 X 射线衍射数据表明化合物 1 属于单斜晶系 $P2(1)/n$ 空间群，如图 3-2 所示，单体是由 2 个双核簇[Ag$_2$(bim)$_2$]$^{2+}$、1 个 α-[GeW$_{12}$O$_{40}$]$^{4-}$阴离子（简称 GeW$_{12}$）和 2 个水分子所构成的。

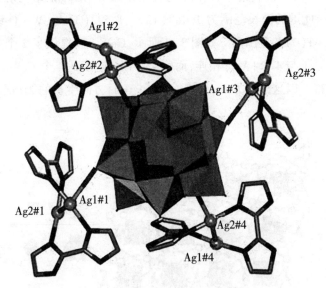

图 3-2　化合物 1 的分子结构图。

对称代码:#1-0.5+x,-0.5-y,-0.5+z;#2x,y,z;#31.5-x,-0.5+y,

0.5-z;#41-x,-1-y,-z。

　　每个二齿螯合配体 bim 配位 2 个银原子,使银原子彼此接近。通过这些配位模式,Ag1 和 Ag2 形成双核银簇结构$[Ag_2(bim)_2]^{2+}$(简称{Ag_2})。值得注意的是,在每个双核簇中,2 个银原子间的距离(Ag1···Ag2 = 2.848 Å)比银的范德瓦耳斯接触距离(3.44 Å)短,表明银存在金属···金属的作用。考虑到银···银的相互作用,Ag1 和 Ag2 均采取四配位的配位模式。

　　在亚单位(a)中有 2 个晶体学独立的银原子(Ag1 和 Ag2)和 2 个 bim 分子。这 2 个银原子采用相同的 T 型配位几何形状,与来自 2 个 bim 配体的氮原子和来自 GeW_{12} 簇中的 1 个末端氧原子配位。银原子周围 Ag—N 键的键长为 2.10～2.15 Å,Ag—O 键的键长为 2.84 Å,N—Ag—N 键的键角范围为 167.7°～168.5°,N—Ag—O 键的键角范围为 77.13°～108.99°。所有这些键长和键角都在其他含有银配合物的范围之内。亚单位(b)为典型的 α-Keggin 结构。$[PW_{12}O_{40}]^{3-}$ 单元由 12 个 WO_6 八面体和 1 个中心 PO_4 四面体构成,每 3 个 WO_6 八面体共边形成 4 个三金属氧簇 W_3O_{13},4 个三金属氧簇 W_3O_{13} 和 PO_4 四面体共角,4个三金属氧簇 W_3O_{13} 之间共角形成 α-Keggin 结构的 $PW_{12}O_{40}$ 单元。其中 P—O 键的键长范围为 1.463(15)~1.592(3)Å ,W—O 键的键长在 1.63(2)~2.41(3)Å 范围内。如图 3-3 所示,GeW_{12} 簇提供了 2 个末端氧原子和 2 个桥氧原子与 4 个 $\{Ag_2\}$ 相连,而每个 $\{Ag_2\}$ 连接到 4 个 GeW_{12} 簇上,形成四边形的排布。以这样的方式,形成一个沿[100]方向生长的 2D 层。

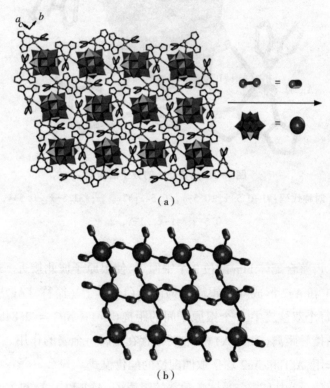

(a)

(b)

图 3-3 化合物 1 中的 2D 层结构(a)与 2D 层的示意图(b)

(2)化合物 2 的单晶结构

单晶 X 射线衍射数据表明化合物 2 属于三斜晶系 P-1 空间群。如图 3-4 (a)所示,单体是由 1 个银链 $[Ag_6(bim)_6]^{6+}$、1 个 α-Keggin $[BW_{12}O_{40}]^{5-}$ 阴离子(简称 BW_{12})和 3 个水分子所构成的。每个 BW_{12} 阴离子作为二齿配体通过 Ag—O 键配位 2 个银离子。如图 3-4(b)所示,在 Ag-bim 链中存在 3 种银离子 (Ag1、Ag2 和 Ag3)和 3 种 bim 配体(bim-1、bim-2 和 bim-3)。Ag1 与来自 1 个

bim-2 和 2 个 bim-1 配体的 3 个氮原子配位。Ag2 与来自 1 个 bim-2 的 1 个氮原子和来自 BW_{12} 阴离子的 1 个氧原子配位。Ag3 与来自 2 个 bim-3 配体的 2 个氮原子配位。银原子周围的 Ag—N 键的键长为 1.99~2.52 Å,Ag—O 键的键长为 2.75 Å,N—Ag—N 键的键长为 121.77 Å,N—Ag—O 键的键角为 86.07°。

　　通过这些配位模式,2 个银原子的距离更容易接近,同化合物 1 类似,可以形成 $\{Ag_2\}$,这样就可以形成重复单元 Ag1-Ag2-(双 Ag3)-Ag2-Ag1 的银链。其中 Ag2-(双 Ag3)-Ag2 片段形成四边形,Ag3 位于对角位置形成四核银结构 $[Ag_4(bim)_2]^{4+}$(简称 $\{Ag_4\}$)。此外,在重复单元中,2 个 Ag1 原子与 2 个 bim-1 配体桥联,2 个 Ag3 原子与 2 个 bim-3 配体桥连,Ag2 原子与 1 个 bim-2 配体单独桥接。

(a)

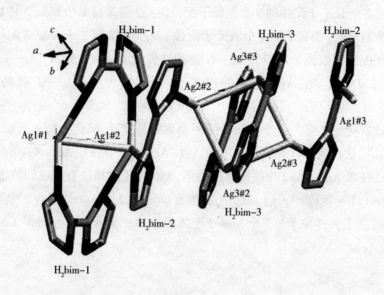

（b）

图 3-4　化合物 2 的分子结构图（a）和银链[Ag₆(bim)₆]⁶⁺结构图（b）

对称代码：#1 $x, y, 1+z$; #2 $2-x, -y, 2-z$; #3 $x-1, y, 1+z$

如图 3-5 所示，相邻的 Ag-bim 链由 BW₁₂ 阴离子相连，形成一个 2D 层，连接方式类似轨道，其中 BW₁₂ 阴离子起到中间轨的作用。在 2D 层中，Ag-bim 链和 BW₁₂ 阴离子交替排列。然后，2D 层以水平方式堆积，形成 3D 结构。

+

（a）

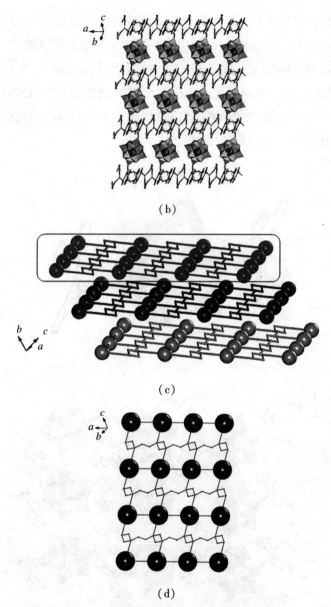

(b)

(c)

(d)

图 3-5　化合物 2 中的 BW$_{12}$ 阴离子和无限 Ag-bim 银链(a)、化合物 2 的 2D 层(b)、

2D 层示意图(c)和化合物 2 的 3D 结构示意图(d)

(3)化合物 3 的单晶结构

单晶 X 射线衍射数据表明化合物 3 属于三斜晶系 P-1 空间群,单体是由 2

个[Cu(bim)$_2$]$^+$阳离子和 1 个 α-[PW$_{12}$O$_{40}$]$^{3-}$阴离子(简称 PW$_{12}$)所构成的。

如图 3-6(a)所示,在[Cu(bim)$_2$]$^+$单元中 Cu 采取五配位模式。Cu 原子分别与 2 个 bim 分子中的 4 个氮原子配位,形成 2 个[Cu(bim)$_2$]$^+$,与此同时,铜原子与多酸球上的 1 个端氧配位。Cu—N 键的键长范围为 1.992(9)~2.05(2)Å。Cu—O 键的键长为 2.305(15)Å。如图 3-6(b)所示,在化合物 3 中,相邻化合物配体间通过 π 键形成 2D 层。

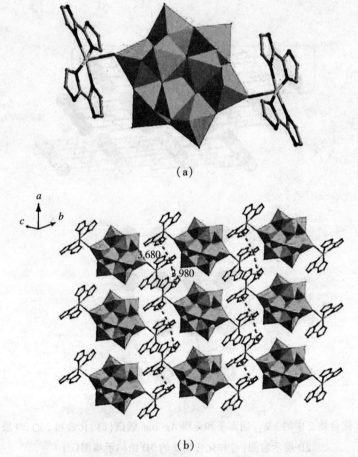

(a)

(b)

图 3-6　化合物 3 的分子结构图(a)和化合物 3 的 2D 层(b)

（4）化合物 4 的单晶结构

单晶 X 射线衍射数据表明化合物 4 属于三斜晶系 $P\text{-}1$ 空间群。如图 3-7 (a)所示,单体是由 2 个[Cu(bim)$_2$(H$_2$O)]$^{2+}$、1 个[Cu(bim)$_2$]$^{2+}$、2 个 BW$_{12}$ 和 4 个水分子所构成的。

分子中每个 Cu 均为+2 价。在[Cu(bim)$_2$(H$_2$O)]$^{2+}$中,铜采取五配位模式,分别与 2 个 bim 分子中的 4 个氮原子和 1 个水分子配位,形成[Cu(bim)$_2$(H$_2$O)]$^{2+}$。在[Cu(bim)$_2$]$^{2+}$中,铜采取四配位模式,与 2 个 bim 分子中的 4 个氮原子配位,形成阳离子。2 个多酸 BW$_{12}$ 各通过 1 个端氧与 1 个铜配合物相连。

（5）化合物 5 的单晶结构

单晶 X 射线衍射数据表明化合物 5 属于单斜晶系 $P2(1)/n$ 空间群。如图 3-7(b)所示,单体是由 2 个[Cu(bim)$_2$(H$_2$O)]$^{2+}$、1 个[Cu(bim)$_2$]$^{2+}$和 1 个 BW$_{12}$ 所构成的。化合物在弱碱性条件下合成,因此为了平衡电荷,为多酸阴离子加 1 个[OH]$^-$。不同于化合物 4,化合物 5 中的多酸阴离子与铜配合物没有相连,为离散结构。

(a)

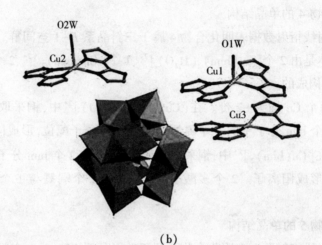

(b)

图 3-7　化合物 4 的分子结构图(a)和化合物 5 的分子结构图(b)

3.2.2　金属/bim 修饰的 Keggin 型多酸的表征

3.2.2.1　红外光谱

化合物 1~5 的红外光谱如图 3-8 所示。在 500~1100 cm^{-1} 范围内的强谱带归属于 Keggin 型多酸的特征吸收峰。在 1100~1700 cm^{-1} 范围内的谱带可归属于有机配体 bim 的特征吸收峰。

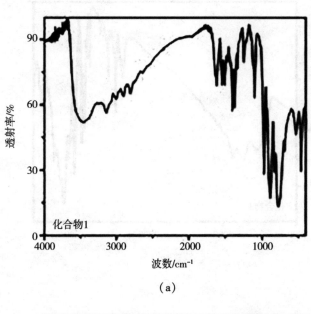

（a）

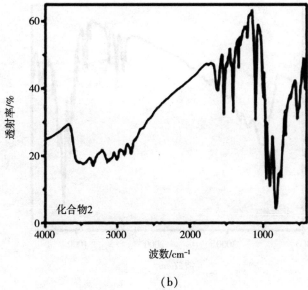

（b）

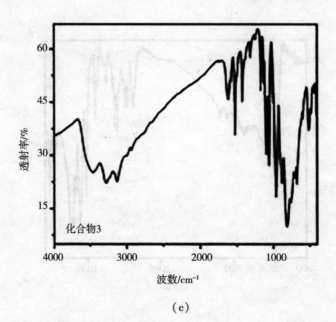

（c）

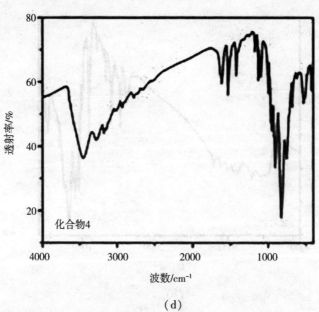

（d）

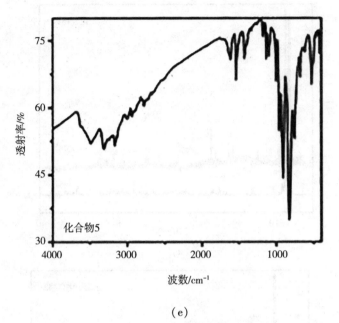

（e）

图 3-8　化合物 1~5 的红外光谱

3.2.2.2　X 射线粉末衍射

图 3-9 为化合物 1~5 的实验 PXRD 和拟合 PXRD。可见实验 PXRD 及拟合 PXRD 的峰位基本吻合，证实了化合物的相纯度。峰强度略有不同可能是晶体取向不同所致。

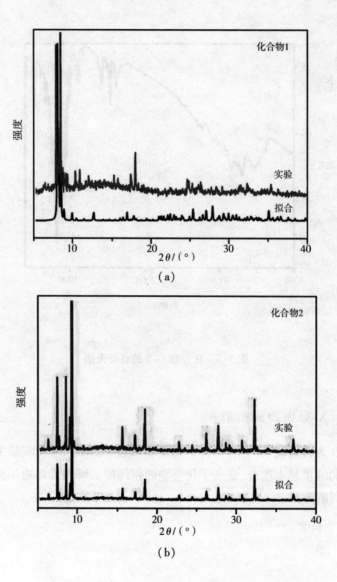

（a）

（b）

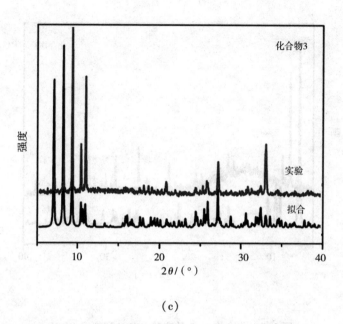

（c）

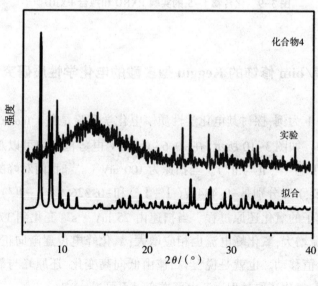

（d）

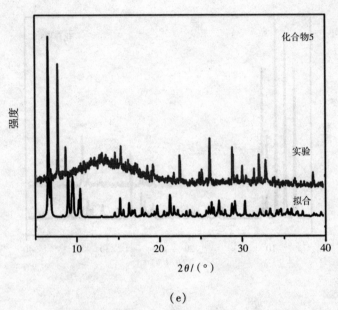

（e）

图 3-9　化合物 1~5 的实验 PXRD 和拟合 PXRD

3.2.3　金属/bim 修饰的 Keggin 型多酸的电化学性质研究

以化合物 1 为例，探讨其电化学性质。电化学实验是在 1 mol · L^{-1} H_2SO_4 溶液中进行的。如图 3-10 所示，在 -0.6~0.15 V 电势范围内可以观察到两对氧化还原峰（Ⅰ 与 Ⅰ′，Ⅱ 与 Ⅱ′）。当扫速为 100 mV · s^{-1} 时，两对峰的半波电位 $E_{1/2}$ = （E_{ap} + E_{cp}）/2 分别是 -0.484 V（Ⅰ-Ⅰ′）和 -0.326 V（Ⅱ-Ⅱ′），可归属于钨中心的两电子的氧化还原过程。当扫速由 25 mV · s^{-1} 变化到 175 mV · s^{-1} 时，还原峰电流增大，氧化峰电流也相应增大；氧化峰电位逐渐向正值移动，还原峰电位向负值移动。也就是说，当扫速由低向高变化，还原峰与氧化峰的峰位差逐渐变大，氧化还原过程逐渐由可逆变得不可逆。

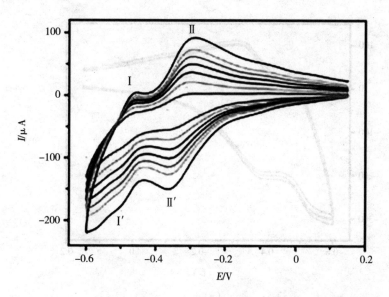

图 3-10   1-CPE 在 1 mol · L^{-1} H$_2$SO$_4$ 缓冲溶液中的循环伏安图，
扫速由内至外分别为 25 mV · s^{-1}、50 mV · s^{-1}、75 mV · s^{-1}、
100 mV · s^{-1}、125 mV · s^{-1}、150 mV · s^{-1} 和 175 mV · s^{-1}

笔者对 1-CPE 的电催化性质做了以下研究，图 3-11 为 1-CPE 在扫速为 100 mV · s^{-1} 下对 IO$_3^-$ 和 NO$_2^-$ 的催化还原曲线。由图可知，1-CPE 对碘酸根的催化还原效率为 10.2%，催化效果不明显。而随着底物 NO$_2^-$ 的加入，1-CPE 氧化峰逐渐减弱，还原峰逐渐增强，计算得到催化效率为 256.3%，表明 1-CPE 在检测 NO$_2^-$ 时有潜在的应用。

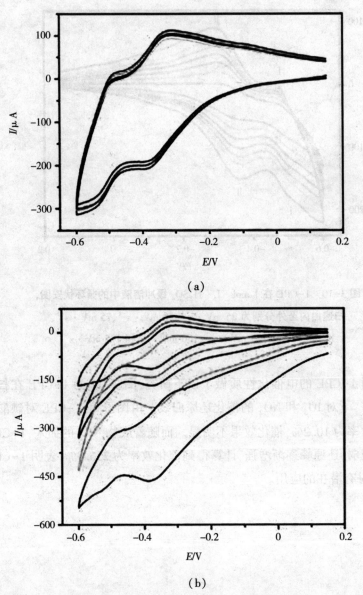

（a）

（b）

图 3-11　1-CPE 在 1 mol·L^{-1} H$_2$SO$_4$ 缓冲溶液中含有不同浓度的（a）IO$_3^-$ 和（b）NO$_2^-$

（从上到下分别为 0 mmol·L^{-1}、0.5 mmol·L^{-1}、1.0 mmol·L^{-1}、1.5 mmol·L^{-1}

和 2.0 mmol·L^{-1}）的循环伏安图，扫速为 100 mV·s^{-1}

　　此外,笔者还研究了化合物 1 的电化学稳定性。在 1 mol · L^{-1} H$_2$SO$_4$ 溶液中,1-CPE 在扫速为 100 mV · s^{-1} 下循环扫描 20 次。由图 3-12 可以看出,循环扫描 20 次之后,电极信号几乎没有损失,表明 1-CPE 具有高稳定性。

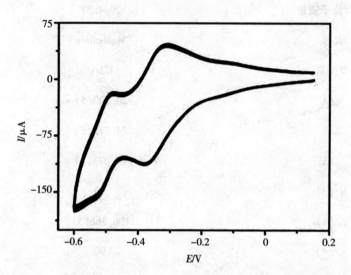

图 3-12　1-CPE 在 1 mol · L^{-1} H$_2$SO$_4$ 缓冲溶液中扫描 20 次的循环伏安图

3.3　金属/bimb 修饰的 Keggin 型多酸

3.3.1　金属/bimb 修饰的 Keggin 型多酸的结构

3.3.1.1　X 射线晶体学测定

　　化合物 6 的晶体数据和结构精修数据见表 3-3。

表 3-3 化合物 6 的晶体数据和结构精修数据

化合物	6
化学式	$C_{48}H_{41}N_{16}Cu_4PMo_{12}O_{41}$
相对分子质量	2934.37
晶系	Monoclinic
空间群	$C2/c$
$a/Å$	20.200(5)
$b/Å$	24.775(5)
$c/Å$	15.973(5)
$\alpha/(°)$	90
$\beta/(°)$	106.366(5)
$\gamma/(°)$	90
$V/Å^3$	7670(3)
Z	4
$D_{calcd}/(g \cdot cm^{-3})$	2.54
μ/mm^{-1}	3.095
Goodness-of-fit on F^2	0.956
[a]$R_1[I>2\sigma(I)]$	0.0462
$wR_2[I>2\sigma(I)]$	0.1289
R_1(all data)	0.0815
[b]wR_2(all data)	0.1534

3.3.1.2　化合物 6 的晶体结构

　　单晶 X 射线衍射数据表明化合物 6 属于正交晶系 $C2/c$ 空间群。如图 3-13 所示,化合物 6 的单体是由 4 个 Cu 原子、4 个 bimb 分子和 1 个 α-[$PMo_{12}O_{40}$]$^{4-}$阴离子(简称 PMo_{12})所构成的。为了平衡电荷,将 1 个[OH]$^-$加到多酸 PMo_{12} 上。

　　化合物 6 中,Cu1 为采取二配位的直线型配位模式,Cu2 为采取三配位的 T 型配位模式。Cu1 与来自 2 个不同配体的 2 个氮原子配位,Cu2 与来自 2 个不同配体的 2 个氮原子和来自 PMo_{12} 的端氧原子配位。Cu—O 键的键长为 2.49 Å,Cu—N 键的键长在 1.845(7)~1.891(1) Å 范围内,N—Cu—N 键的键角在 164(3)°~171.7(4)°范围内,N—Cu—O 键的键角为 106.5(2)°。

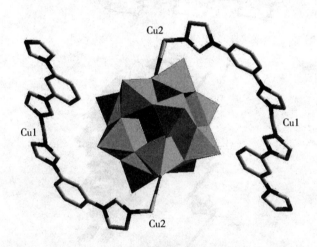

图 3-13　化合物 6 的单体图

　　化合物 6 的结构特征是由 4 个 2D 层组成的四重叉指结构。其结构可以这样描述:在晶体结构中,两个晶体学独立的配体(bimb1 和 bimb2)作为二齿配体通过桥接 Cu 离子而彼此连接,以一个-Cu1-itmb1-Cu2-itmb2-的方式生成一个从 b 轴来看是 1D 的 Z 型链。

　　如图 3-14(a)和图 3-14(b)所示,多酸阴离子作为二齿连接体通过端氧连接两条相邻的 Z 型链得到一个 2D 层。因为两个多酸分列于 Z 型链的两侧且配体链具有一定的宽度,所以相邻的配体链间有一定的空隙。如图 3-14(c) 所示,相邻的 2D 层可以穿插到空隙中,这样 4 个相邻的 2D 层就像手指一样穿插,得到了叉指结构。在两个相邻 2D 层之间分子间氢键稳定了这种结构(典型的氢键为 C2···O3 = 3.026 Å, C4···O18 = 2.974 Å, O14···O14 = 2.798 Å)。

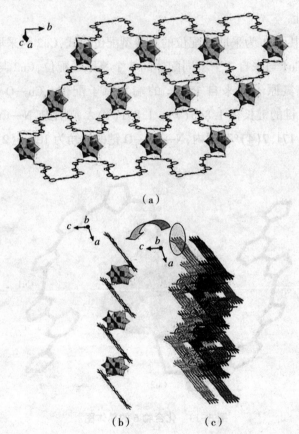

(a)

(b) (c)

图 3-14 化合物 6 的 2D 层(a)(b) 和 4 个 2D 层得到的四重叉指结构(c)

3.3.2 金属/bimb 修饰的 Keggin 型多酸的表征

化合物 6 的红外光谱如图 3-15 所示。在 500~1100 cm^{-1} 范围内的强谱带归属于 Keggin 型多酸阴离子的特征吸收峰。在 1100~1700 cm^{-1} 范围内的谱带归属于有机配体 bimb 的特征吸收峰。

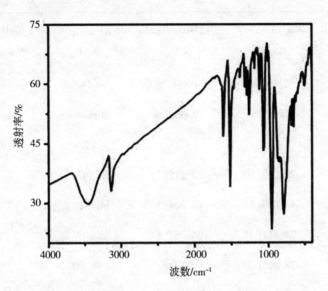

图 3-15　化合物 6 的红外光谱

3.4　金属/itmb 修饰的 Keggin 型多酸

3.4.1　金属/itmb 修饰的 Keggin 型多酸的结构

3.4.1.1　X 射线晶体学测定

化合物 7~14 的晶体数据和结构精修数据见表 3-4 和表 3-5。

表 3-4　化合物 7~10 的晶体数据和结构精修数据

化合物	7	8	9	10
化学式	$C_{48}H_{53}N_{20}CuP$ $Mo_{12}O_{44}$	$C_{48}H_{53}CuN_{20}O_{44}$ PW_{12}	$C_{48}H_{50}N_{20}AgSb$ $W_{12}O_{42}$	$C_{48}H_{45}N_{20}CoP$ $Mo_8V_6O_{42}$
相对分子质量	2859.86	3914.78	4014.85	2737.07
晶系	Monoclinic	Monoclinic	Monoclinic	Monoclinic
空间群	$C2/c$	$C2/c$	$C2/c$	$C2/c$
$a/\text{Å}$	22.040(5)	22.315(5)	22.197(5)	32.193(5)
$b/\text{Å}$	14.850(5)	14.904(5)	14.640(5)	15.456(5)
$c/\text{Å}$	24.821(5)	24.753(5)	25.097(5)	22.188(5)
$\alpha/(°)$	78.865(5)	90.000	90.000	90.000
$\beta/(°)$	90.000	100.564(5)	100.531(5)	132.357(5)
$\gamma/(°)$	100.605(5)	90.000	90.000	90.000
$V/\text{Å}^3$	90	8093(4)	8018(4)	8158(4)
Z	4	4	4	4
$D_{calcd}/(\text{g}\cdot\text{cm}^{-3})$	2.371	3.205	3.337	2.224
μ/mm^{-1}	2.204	17.358	17.811	2.155
Goodness-of-fit on F^2	0.973	1.122	1.104	0.997
[a]$R_1[I>2\sigma(I)]$	0.0877	0.0717	0.0646	0.0550
$wR_2[I>2\sigma(I)]$	0.2100	0.1438	0.1660	0.1664
$R_1(\text{all data})$	0.1074	0.1154	0.0978	0.0629
[b]$wR_2(\text{all data})$	0.2189	0.1573	0.1711	0.1717

表 3-5　化合物 11~14 的晶体数据和结构精修数据

化合物	11	12	13	14
化学式	$C_{48}H_{46}N_{20}NiV_7$ Mo_8O_{42}	$C_{48}H_{46}N_{20}Ag_5$ $PW_{12}O_{42}$	$C_{96}H_{100}N_{40}Ag_4$ $Si_2W_{24}O_{84}$	$C_{48}H_{46}N_{20}Ag_6$ $GeW_{12}O_{42}$
相对分子质量	2757.80	4351.52	8058.11	4501.00
晶系	Monoclinic	Triclinic	Triclinic	Monoclinic
空间群	$C2/c$	$P-1$	$P-1$	$P2(1)/n$
$a/Å$	32.1110(10)	12.9590(5)	13.2607(11)	14.8984(10)
$b/Å$	15.4450(5)	12.9830(5)	16.4528(14)	12.9358(9)
$c/Å$	22.1960(7)	14.4050(5)	18.7613(15)	19.9980(14)
$α/(°)$	90.000	75.813(5)	89.029(2)	90.000
$β/(°)$	132.786(5)	71.542(5)	72.346(2)	94.980(1)
$γ/(°)$	90.000	61.468(5)	86.363(2)	90.000
$V/Å^3$	8079.0(5)	2006.9(13)	3892.6(6)	3839.5(5)
Z	2	1	1	2
$D_{calcd}/(g \cdot cm^{-3})$	2.236	3.572	3.395	3.853
μ/mm^{-1}	2.409	18.421	18.257	19.870
Goodness-of-fit on F^2	1.103	1.012	0.984	1.141
[a]$R_1[I>2\sigma(I)]$	0.0666	0.0494	0.0708	0.0722
$wR_2[I>2\sigma(I)]$	0.1140	0.1066	0.1596	0.1556
$R_1(all\ data)$	0.1236	0.0665	0.1427	0.1033
[b]$wR_2(all\ data)$	0.1446	0.1158	0.1814	0.1620

3.4.1.2 化合物的晶体结构

(1) 化合物 7~9 的单晶结构

单晶 X 射线衍射数据表明化合物 7~9 为异质同构的化合物,均属于单斜晶系 $C2/c$ 空间群。所有化合物的晶胞参数、体积及相应的键长和键角仅有微小的变化。在这里我们仅以化合物 7 为例来介绍其晶体结构。

如图 3-16 所示,化合物 7 的单体是由 1 个螺旋桨形配合物 $[Cu(itmb)_4]^{2+}$、1 个 PMo_{12} 和 4 个水分子所构成的。为了平衡电荷,将 1 个氢质子加到多酸 PMo_{12} 上,这与已报道过的化合物 $[Cu(bimb)]_2(HPW_{12}O_{40}) \cdot 3H_2O$ 类似。PMo_{12} 阴离子为经典的 α-Keggin 构型。P—O 键的键长在 1.53(2)~1.65(2) Å 之间,Mo—O 键的键长对于端氧、μ_2-桥氧和 μ_3-桥氧分别在 1.649(15)~1.744(15) Å、1.796(16)~1.998(18) Å 和 2.32(2)~2.49(2) Å 之间,所有键长均在已报道的范围内。

在配合物 $[Cu(itmb)_4]^{2+}$ 中,Cu1 采取六配位近似八面体的几何构型,与来自 2 个相邻 PMo_{12} 的 2 个氧原子和 4 个来自单配位配体 itmb 的 4 个氮原子配位。沿着 b 轴看,Cu1 周围像形成了一个"螺旋桨"。Cu1 周围的 Cu—O 键的键长在 2.25(2)~2.259(16) Å 范围内,Cu—N 键的键长在 1.999(14)~2.012(15) Å 范围内,N—Cu—N 键的键角在 86.7(6)°~178.8(9)°范围内,N—Cu—O 键的键角在 89.2(4)°~90.6(4)°范围内。所有的键长和键角与文献相一致。

图 3-16　化合物 7 的分子结构图

　　化合物 7 是由分子"拉锁链"形成的叉指结构。如图 3-17 所示,叉指结构的形成过程可以这样描述:首先,PMo$_{12}$ 作为二齿无机配体通过端氧连接两个螺旋桨状的 [Cu(itmb)$_4$]$^{2+}$ 配合物,即每个 [Cu(itmb)$_4$]$^{2+}$ 配合物将两个相邻的 PMo$_{12}$ 连接起来。沿着 b 轴重复这种连接就可以看到一条无限延长的链。在此链上单齿配体 itmb 垂直于链,两个相邻的 [Cu(itmb)$_4$]$^{2+}$ 配合物间的距离大约为 14. 85 Å,这就形成了一个较大的间隙。众所周知,结构中大的间隙经常由溶剂分子或客体分子占据来实现结构的稳定性,否则可能会发生交错结合的现象,即间隙被另一个独立的结构占据。在化合物 7 中,链间的间隙被另一个相邻链的单齿配体占据,这样就形成了一个"拉锁链",其中单配位的 itmb 分子作为拉锁齿,每个拉锁的间隙又进一步被相邻的四条拉锁的齿进一步交叉(图 3-18),其结果是得到叉指结构(图 3-19)。在两个相邻链之间分子间氢键稳定了这种结构(典型的氢键为 C1···O4 = 3. 055 Å, C15···O15 = 3. 147 Å, C6···O23 = 3. 181 Å, C11···O13 = 3. 401 Å, C21···O23 = 3. 387 Å)。

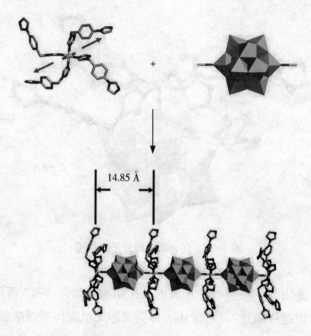

14.85 Å

图 3-17   化合物 7 无限 1D 链形成过程

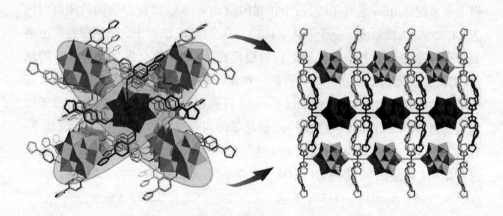

图 3-18   每条拉锁间隙被四条"拉锁链"穿插

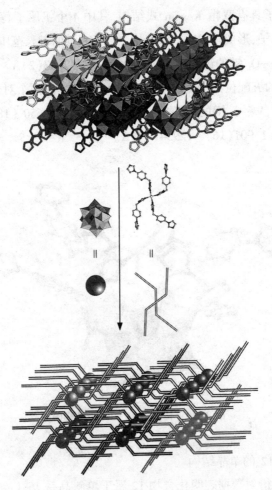

图 3-19　叉指结构形成示意图

（2）化合物 10 和 11 的单晶结构

单晶 X 射线衍射数据表明化合物 10 和化合物 11 为异质同构化合物,均属于单斜晶系 $C2/c$ 空间群。化合物的晶胞参数、体积及相应的键长和键角仅有微小的变化,不同之处在于化合物 11 的中心杂原子为钒。在这里我们以化合物 10 为例来介绍其晶体结构。

如图 3-20 所示,化合物 10 的结构与化合物 7 类似,只是将 Co^{2+} 和

$[HPMo_8^{VI}V_4^V O_{40}(V^{IV}O)_2]^{2-}$（简称 PMo_8V_6）分别替换了 Cu^{2+} 和 $[PMo_{12}O_{40}]^{4-}$。PMo_8V_6 多阴离子具有双帽 Keggin 式结构,其中 4 个钒原子替换了 PMo_{12} 中 4 个赤道位的钼原子,形成了 PMo_8V_4 结构。$V—O_t$ 键的键长范围为 $1.598(13) \sim 1.629(13)$Å,$V—O_b$ 键的键长范围为 $1.903(13) \sim 2.43(2)$Å。在 PMo_8V_4 的基础上,两个额外的五配位的 ${VO}$ 单元盖帽于 PMo_8V_4 的两个对位位置。在盖帽的两组四方锥中,$V—O_t$ 键的键长范围为 $1.650(2) \sim 1.650(18)$Å,4 个 $V—O_b$ 键的键长范围为 $1.901(16) \sim 1.934(14)$Å。

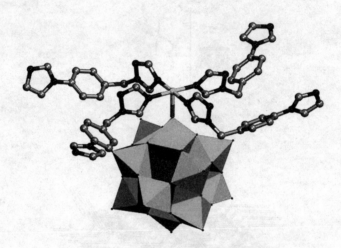

图 3-20   化合物 10 的分子结构图

（3）化合物 12 的单晶结构

单晶 X 射线衍射数据表明化合物 12 属于单斜晶系 $P-1$ 空间群。如图 3-21 所示,化合物 12 单体是由 $\alpha-[PW_{12}O_{40}]^{3-}$ 多阴离子(简称 PW_{12})、Ag 和 itmb 的配位聚合物阳离子所构成的。为了平衡电荷,向化合物中加入 2 个 $[OH]^-$。

化合物 12 中有 3 个晶体学独立的银,它们具有两种配位模式:Ag1 采取 T 型配位模式,与来自 2 个配体上的 2 个氮原子和来自多酸上的 1 个端氧原子配位;Ag2 和 Ag3 采取直线型配位模式,分别与来自 2 个配体上的 2 个氮原子配位。Ag—O 键的键长为 $2.575(8)$Å,Ag—N 键的键长范围在 $2.144(8) \sim 2.1656(7)$Å 之间。

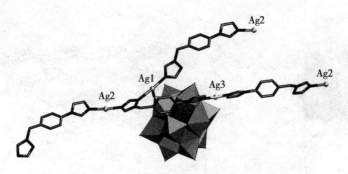

图 3-21　化合物 12 的分子结构图

　　配体 itmb 采取两种配位模式：itmb1 中咪唑环上的 N4 与 Ag2 相配位，三氮唑环上的 N9 和 Ag1 相配位；itmb2 中咪唑环上的 N1 与 Ag3 相配位，三氮唑环上的 N8 和 Ag1 相配位，N6 和 Ag2 相配位。如图 3-22 所示，在不考虑 PW_{12} 多酸阴离子的情况下，Ag 原子与 itmb 配体形成 1D 环形链。6 个 Ag 原子与 6 个 itmb 配体交替连接形成–Ag1–itmb1–Ag2–itmb2–Ag3–itmb2–Ag1–itmb1–Ag2–itmb2– Ag3–itmb2–的大环。

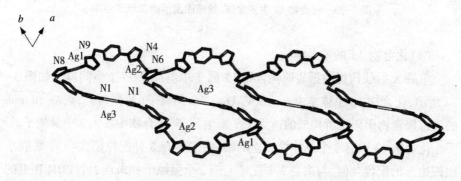

图 3-22　化合物 12 中的银链

　　如图 3-23 所示，1D 银链呈波浪形，波峰、波谷之间有空隙。多酸阴离子位于空隙之中，作为二齿无机配体，通过端氧连接两个相邻银链的 Ag1 原子，形成了 2D 层结构。

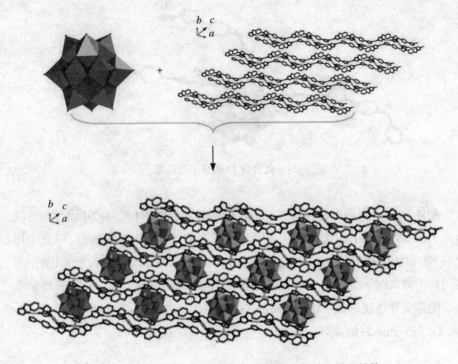

图 3-23 化合物 12 中多面体/线框图展示的二维层结构

(4)化合物 13 的单晶结构

单晶 X 射线衍射数据表明化合物 13 属于单斜晶系 $P-1$ 空间群。如图 3-24 所示,化合物 13 单体是由 $\alpha-[SiW_{12}O_{40}]^{4-}$ 多阴离子(简称 SiW_{12})、Ag 和 itmb 的配位聚合物阳离子所构成的。为了平衡电荷,向化合物中加入 2 个氢质子。

化合物 13 中有 3 个晶体学独立的银,它们具有 3 种配位模式:Ag1 采取平面四边形的配位几何,与来自 2 个配体上的 2 个氮原子和来自 2 个 POM B 上的 2 个端氧原子配位;Ag2 采取直线型的配位几何,与来自 2 个配体上的 2 个氮原子配位;Ag3 采取秋千型的配位几何,分别与来自 3 个配体上的 3 个氮原子和来自 POM B 上的端氧原子配位。Ag—O 键的键长为 2.819(8)Å,Ag—N 键的键长范围在 2.162(2)~2.22(2)Å 之间。

如图 3-25 所示,多酸阴离子 SiW_{12} 为经典的 α-Keggin 型多酸。在化合物 13 中,有两种类型的多酸阴离子:POM A 连接 2 个 Ag3 原子,POM B 连接 2 个 Ag1 原子。另外,化合物 13 中 itmb 配体分子采取两种配位方式,即提供 1 个氮

原子的单配位模式和提供 2 个氮原子的双配位模式。2 个 Ag3 原子、1 个 Ag1
原子与 6 个配体分子相配位,形成了近似"双 H"构型的配合物。POM B 连接 2
个相邻的配合物形成 1D 链,POM A 连接 2 个相邻的包含多酸和配合物的链形
成 2D 层结构。

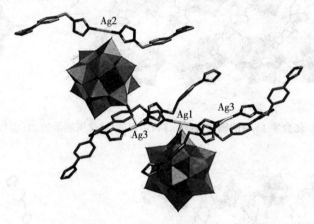

图 3-24　化合物 13 的分子结构图

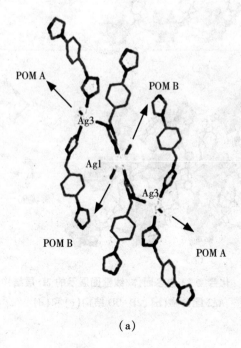

（a）

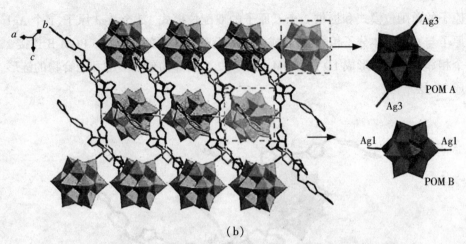

（b）

图 3-25　化合物 13 中的银配合物（a）和多面体/线框图展示的 2D 层结构（b）

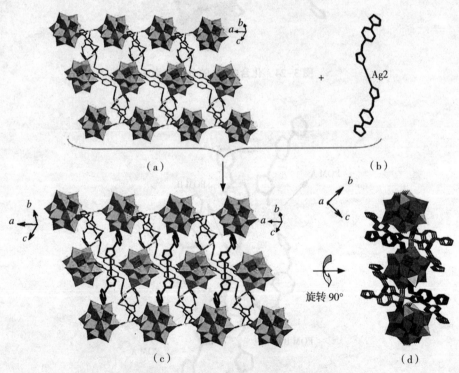

图 3-26　化合物 13 中多面体/线框图展示的 2D 层结构（a）、
Ag2 配合物（b）、2D+0D 结构（c）和（d）

如图 3-26 所示,Ag2 原子和 2 个单配位 itmb 配体分子相配位,形成了直线型的单独配合物。Ag2-itmb 配合物穿插到含有多酸和 Ag1、Ag3 的配合物层中,得到了 2D+0D 的结构。

(5)化合物 14 的单晶结构

单晶 X 射线衍射数据表明化合物 14 属于单斜晶系 $P2(1)/n$ 空间群,单体是由 1 个 GeW$_{12}$、Ag 和 itmb 的配位聚合物阳离子所构成的(图 3-27)。为了平衡电荷,向化合物中加入 2 个[OH]⁻。

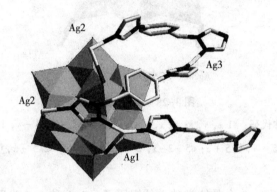

图 3-27　化合物 14 的分子结构图

GeW$_{12}$ 阴离子的 W—O 键的键长范围与已报道的晶体结构中的 W—O 键相应的键长范围相近。如图 3-28 所示,GeW$_{12}$ 作为八齿连接体,与 8 个银离子相连,据我们所知,这是 GeW$_{12}$ 阴离子最高的配位连接。

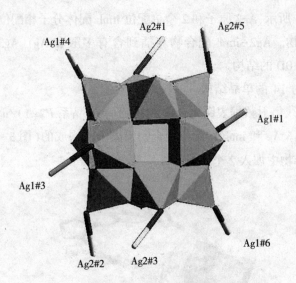

图 3-28　GeW$_{12}$ 配位图

对称代码：#1 x, y, z; #2 x, $1 + y$, z; #3 $-2 - x$, $3 - y$, $1 - z$;

#4 $0.5 + x$, $2.5 - y$, $0.5 + z$; #5 $-2 - x$, $2 - y$, $1 - z$; #6 $-2.5 - x$, $0.5 + y$, $0.5 - z$

　　化合物 14 中有 3 个晶体学独立的银原子。Ag1 和 Ag2 为四配位,采取秋千型的配位模式,与 2 个配体上的氮原子和 2 个多酸阴离子的端氧配位;Ag3 为二配位,采取直线型的配位模式,与 2 个配体上的 2 个氮原子配位。Ag—O 键的键长范围在 2.589~2.769 Å 之间,Ag—N 键的键长范围在 2.218~2.136 Å 之间。

　　如图 3-29 所示,化合物 14 中有 2 个配体分子 itmb1 和 itmb2。2 个分子分别和 3 个不同的银原子配位,3 个潜在的配位点均参与配位。itmb1 中咪唑环上的 N2 与 Ag2 相配位,三氮唑环上的 N9 和 Ag3 相配位,N1 和 Ag1 相配位;itmb2 中咪唑环上的 N3 与 Ag3 相配位,三氮唑环上的 N5 和 Ag1 相配位,N7 和 Ag2 相配位。

(a)

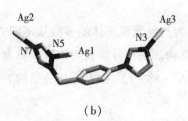

（b）

图 3-29　配体的配位模式

（a）itmb1；（b）itmb 2

　　如图 3-30 所示,在不考虑多酸阴离子的情况下,Ag 原子与 itmb 配体形成 1D 无限银链,链中包含两类不同尺寸的四核银环。在环 A 中,4 个 Ag 原子与 4 个 itmb 配体交替连接,形成了 -Ag1-itmb1-Ag3-itmb2-Ag1-itmb1-Ag3-itmb2 的大环,大环的平行四边形边长大约为 13.29 Å 和 6.22 Å。在环 B 中,4 个 Ag 原子与 4 个 itmb 配体交替连接,形成了 -Ag3-itmb1-Ag2-itmb2-Ag3-itmb1- Ag2-itmb2 的大环,大环的平行四边形边长大约为 18.32 Å 和 13.69 Å。

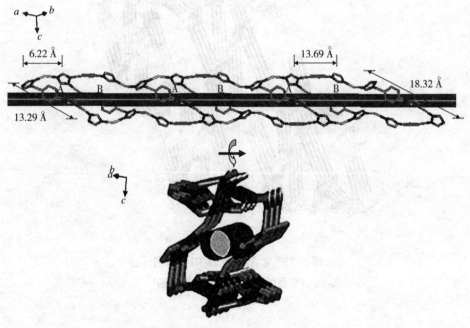

图 3-30　[Ag$_6$(itmb)$_4$]$^{6+}$链

如图 3-31 所示,作为八齿无机配体的多酸从不同方向连接了 8 个银原子,在空间形成了 3D 框架结构。拓扑分析表明该框架具有 $(6^1 \cdot 8^2)(4^1 \cdot 6^1 \cdot 8^2 \cdot 10^1)(4^2 \cdot 6^2 \cdot 8^2)(4^3 \cdot 6^5 \cdot 8^5 \cdot 12^9 \cdot 14^5 \cdot 16^1)$ 结构。

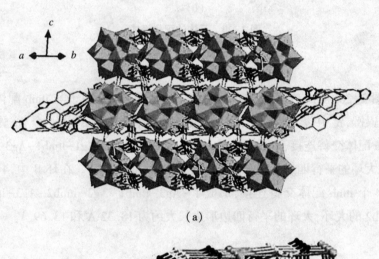

(a)

(b)

图 3-31　化合物 14 的 3D 结构图

(a)多面体及球棍图;(b)抽象图

3.4.2　金属/itmb 修饰的 Keggin 型多酸的表征

3.4.2.1　红外光谱

化合物 7~14 的红外光谱如图 3-32 和图 3-33 所示。在 500~1100 cm^{-1} 范围内的强谱带是多酸阴离子的吸收振动峰。1100~1700 cm^{-1} 范围内的谱带归属于 itmb 的特征吸收峰。

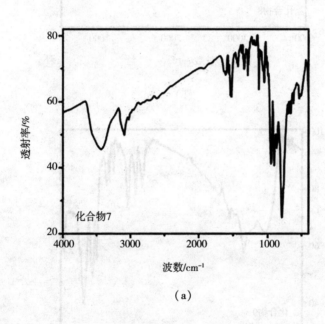

(a)

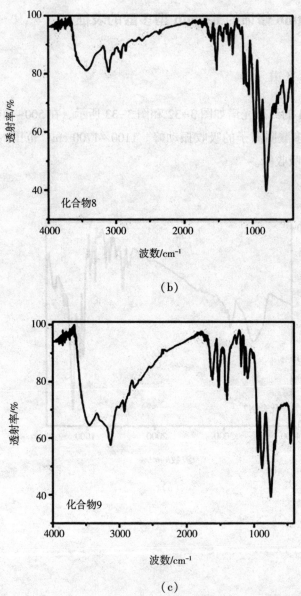

（b）

（c）

图 3-32　化合物 7~9 的红外光谱

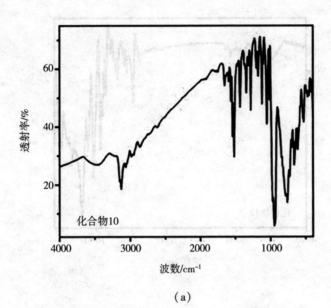

（a）

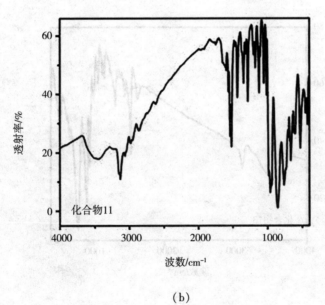

（b）

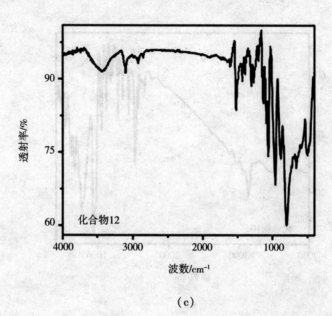

（c）

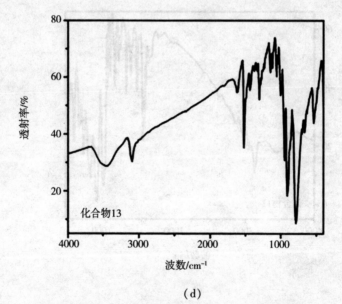

（d）

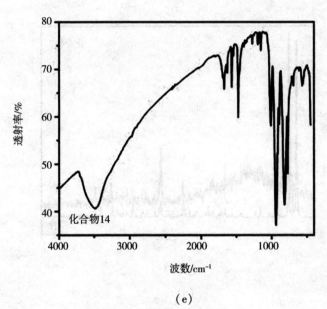

(e)

图 3-33　化合物 10~14 的红外光谱

3.4.2.2　X 射线粉末衍射

图 3-34 和图 3-35 为化合物 7~14 的 X 射线粉末衍射图。分析数据可知，实验 PXRD 与拟合 PXRD 的各峰位基本吻合，证实了化合物的相纯度。实验 PXRD 和拟合 PXRD 的峰强度略有不同，可能是因为粉末样品的测定取向有所不同。

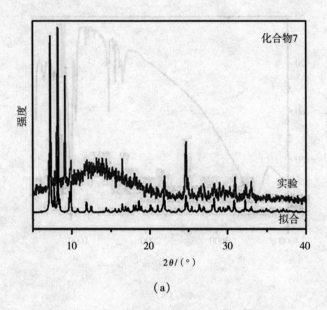

（a）

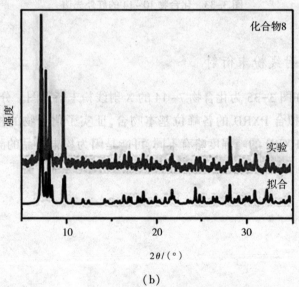

（b）

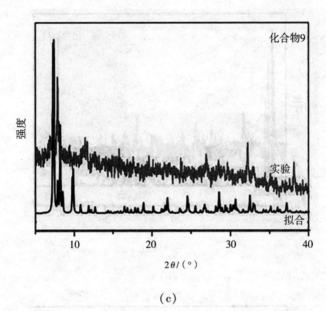

(c)

图 3-34　化合物 7~9 的实验 PXRD 和拟合 PXRD

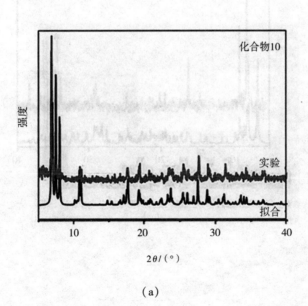

(a)

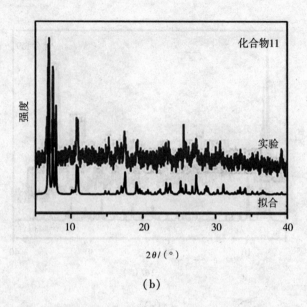

（b）

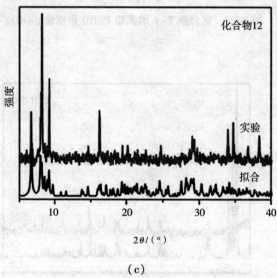

（c）

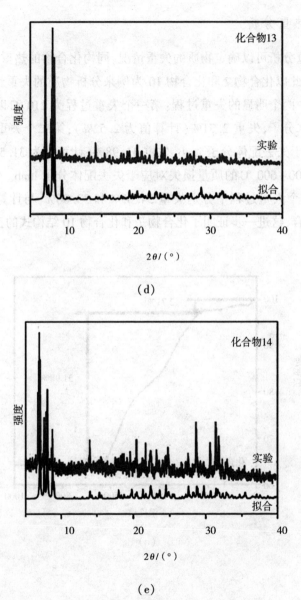

(d)

(e)

图 3-35　化合物 10~14 的实验 PXRD 和拟合 PXRD

3.4.2.3 热重分析

通过热重分析可以确定物质的失重情况,同构化合物的热重分析具有一定的相似性,因此以化合物 7 和化合物 10 为例来分析物质的失重情况。图 3-36 为化合物 7 中两个明显的失重过程:第一个失重过程为 210 ℃以下,对应于失去结构中的水分子,失重 2.71%(计算值为 2.52%);第二个失重过程为 210~650 ℃,对应于失去配体分子 itmb,失重 31.98%(计算值为 31.51%)。对于化合物 10,在 200~600 ℃的质量损失对应于失去配体分子 itmb。化合物 7 和化合物 10 在整个失重过程中分别失重 34.69%和 33.06%,与计算值 34.03%和 32.92%相吻合,这进一步证明了化合物 7 和化合物 10 结构式的正确性。

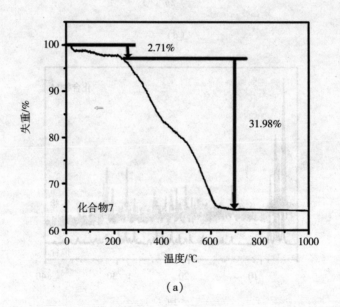

(a)

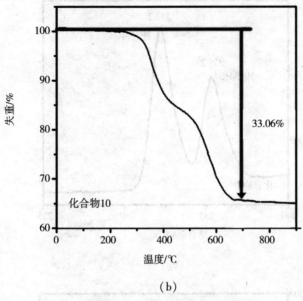

(b)

图 3-36 化合物的热重分析图

3.4.2.4 X 射线光电子能谱

为了验证化合物中金属的价态,笔者做了价键计算 (BVS),同时对化合物进行了光电子能谱分析,以化合物 7 和化合物 10 为例来分析。如图 3-37 所示,化合物 7 在 934.8 eV、944.3 eV、954.5 eV 和 962.8 eV 处的特征峰归属于 Cu^{II},232.2 eV 和 235.2 eV 处的特征峰归属于 Mo^{6+}。化合物 10 中 781.3 eV 和 797.5 eV 处的特征峰归属于 Co^{II},232.9 eV 和 236.1 eV 处的特征峰归属于 Mo^{6+},517.6 eV 和 516.3 eV 处的特征峰分别归属于 V^{5+} 和 V^{4+}。实验结果与价键计算及金属的配位几何相一致,证明了化合物的分子式是正确的。

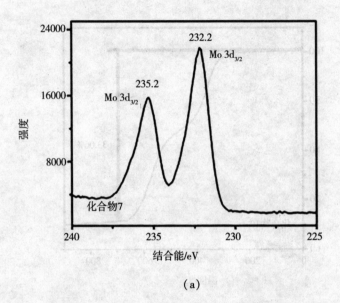

（a）

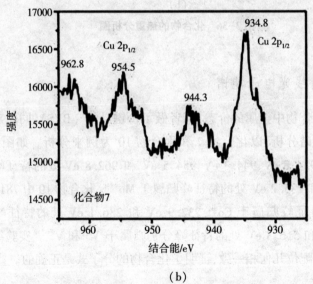

（b）

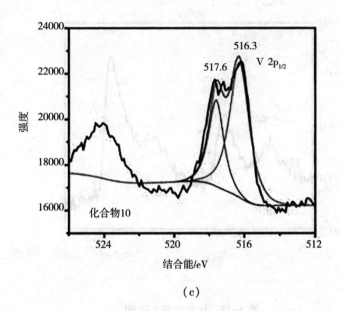

（c）

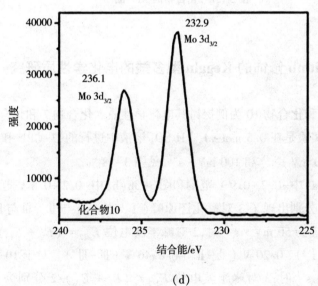

（d）

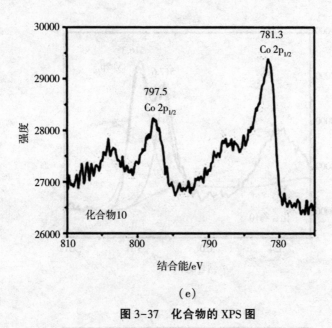

（e）

图 3-37　化合物的 XPS 图

3.4.3　金属/itmb 修饰的 Keggin 型多酸的电化学性质研究

以化合物 7 和化合物 10 为例探讨其电化学性质。化合物 7 和化合物 10 的循环伏安（CV）实验是在 0.5 mol·L⁻¹ H₂SO₄ 溶液中进行的,7-CPE 和 10-CPE 的扫速分别为 50 mV·s⁻¹ 和 100 mV·s⁻¹,见图 3-38。

在图 3-38（a）中-0.2~0.9 V 范围和图 3-38（b）中-0.2~0.8 V 范围内,7-CPE 和 10-CPE 分别出现了 3 对氧化还原峰（Ⅰ与Ⅰ′,Ⅱ与Ⅱ′,Ⅲ与Ⅲ′）。对于 7-CPE,当扫速为 50 mV·s⁻¹ 时,3 对峰半波电位 $E_{1/2} = (E_{ap} + E_{cp})/2$ 分别为 0.06 V（Ⅰ-Ⅰ′）、0.20 V（Ⅱ-Ⅱ′）和 0.46 V（Ⅲ-Ⅲ′）。对于 10-CPE,当扫速为 100 mV·s⁻¹ 时,3 对峰半波电位 $E_{1/2} = (E_{ap} + E_{cp})/2$ 分别为-0.02 V（Ⅰ-Ⅰ′）、0.22 V（Ⅱ-Ⅱ′）和 0.38 V（Ⅲ-Ⅲ′）,这些峰可归属于钼中心的 3 个连续的两电子的氧化还原过程。此外,对于 10-CPE,在 0.57 V 还有一个不可逆的氧化峰（Ⅳ）,可归属于钒原子的单电子氧化还原过程（Vⱽ/Vⁱⱽ）。在 0.1~0.2 V 范围内,7-CPE 和 10-CPE 未观察到 Cuⁱⁱ/Cuⁱ 与 Coⁱⁱ/Coⁱ 的峰,可能被 Moⱽⁱ/Moⱽ 的氧化还原峰所重叠,这与之前报道的一致。

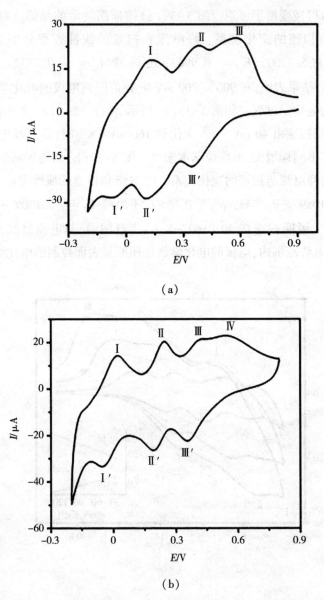

(a)

(b)

图 3-38 7-CPE(a) 和 10-CPE(b) 在 0.5 mol·L^{-1} H$_2$SO$_4$ 溶液中的循环伏安图

如图 3-39(a) 所示,对于 7-CPE,在 0.9～-0.2 V 电势范围内,当扫速由 25 mV·s^{-1} 变化到 125 mV·s^{-1} 时,还原峰电流增加,相应氧化峰电流也同样增大;氧化峰电位向更正的方向移动,还原峰电位向更负的方向移动,即氧化还原过程逐渐由可逆变得不可逆。图 3-39(a)的插图展示的是第三对氧化还原峰的峰电流与扫速的变化关系。峰电流和扫速的线性方程分别为:氧化峰 $I_{a3} = 0.3624 + 5.7200$,$R_{a3}^2 = 0.9963$;还原峰 $I_{c3} = -0.2332 - 5.4700$,$R_{c3}^2 = 0.9926$。结果表明,在 900～-200 mV 电势范围内电极的电化学氧化还原是表面控制的电化学过程。如图 3-39(b)所示,对于 12-CPE,在 0.8～-0.2 V 电势范围内,当扫速由 40 mV·s⁻¹ 变化到 160 mV·s⁻¹ 时,还原峰电流与相应氧化峰电流几乎同样增大,而峰位基本未变。图 3-39(b)插图展示的是第二对氧化还原峰的峰电流与扫速的变化关系。峰电流和扫速的线性方程分别为:氧化峰 $I_{a2} = 0.1089 + 9.3643$,$R_{a2}^2 = 0.9989$;还原峰 $I_{c2} = -0.1309 - 12.8820$,$R_{c2}^2 = 0.9997$。说明扫速在 40～160 mV·s⁻¹ 范围内,与电流呈线性关系,在 0.8～-0.2 V 电势范围内,电极的电化学氧化还原是表面控制的电化学过程。

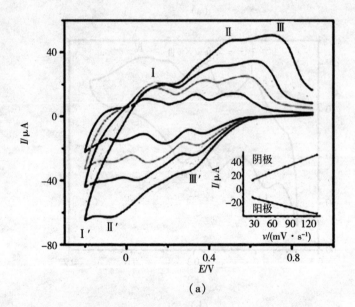

(a)

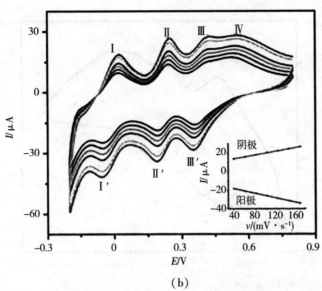

(b)

图 3-39　7-CPE 在 0.5 mol·L⁻¹ H₂SO₄ 溶液中,扫速由内至外分别为 25 mV·s⁻¹、

50 mV·s⁻¹、75 mV·s⁻¹、100 mV·s⁻¹ 和 125 mV·s⁻¹ 的循环伏安图,

插图为第三对氧化还原峰的峰电流与扫速的变化关系(a);10-CPE 在 0.5 mol·L⁻¹ H₂SO₄

溶液中,扫速由内至外分别为 40 mV·s⁻¹、60 mV·s⁻¹、80 mV·s⁻¹、100 mV·s⁻¹、

120 mV·s⁻¹、140 mV·s⁻¹ 和 160 mV·s⁻¹ 的循环伏安图,

插图为第二对氧化还原峰的峰电流与扫速的变化关系(b)

笔者还对 7-CPE 和 10-CPE 的电催化性质做了研究,催化底物选择的是碘酸钾(IO_3^-)和抗坏血酸(AA),图 3-40 和图 3-41 是 7-CPE 和 10-CPE 在扫速分别为 50 mV·s⁻¹ 和 100 mV·s⁻¹ 时对碘酸钾的还原和抗坏血酸的氧化的催化曲线及峰值电流与催化底物浓度的关系。由图 3-40 可知,随着碘酸钾和抗坏血酸的加入,7-CPE 的氧化峰和还原峰几乎不受影响。

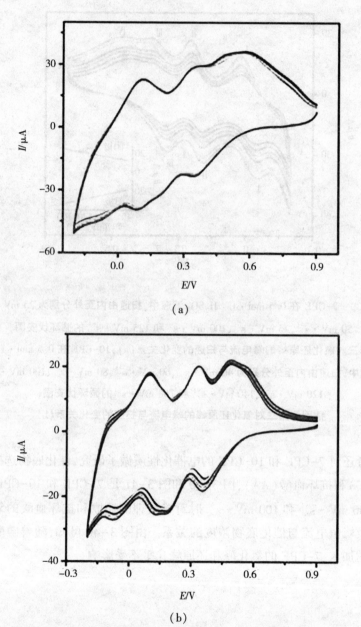

(a)

(b)

图 3-40　7-CPE 在 0.5 mol·L^{-1} H$_2$SO$_4$ 溶液中,含有(a)IO$_3^-$(从上到下)和
(b)AA(从下到上)的浓度分别为 0 mmol·L^{-1}、0.2 mmol·L^{-1}、0.4 mmol·L^{-1}、
0.6 mmol·L^{-1}、0.8 mmol·L^{-1} 的循环伏安图,扫速为 50 mV·s^{-1}

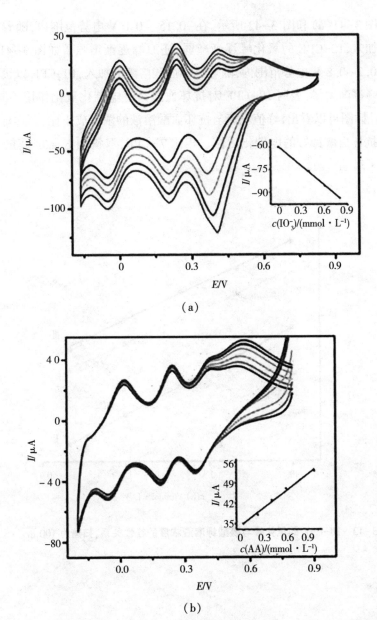

(a)

(b)

图 3-41　(a)10-CPE 在 0.5 mol·L⁻¹ H₂SO₄ 缓冲溶液中,含有(a)IO₃⁻(从上到下)和(b)AA
(从下到上)的浓度分别为 0 mmol·L⁻¹、0.2 mmol·L⁻¹、0.4 mmol·L⁻¹、0.6 mmol·L⁻¹、
0.8 mmol·L⁻¹ 的循环伏安图,扫速为 50 mV·s⁻¹,(a)插图为峰值电流Ⅲ′与 IO₃⁻ 浓度的
线性关系,(b)插图为峰值电流Ⅳ与 AA 浓度的线性关系

　　如图 3-41(a)和图 3-42 所示,在-0.15 ~0.8 V 电势范围内,随着碘酸钾溶液的加入,10-CPE 的氧化峰逐渐减弱,还原峰逐渐增强。如图 3-41(b)所示,在-0.2~0.8 V 电势范围内,随着抗坏血酸溶液的加入,10-CPE 以钒为中心的氧化峰逐渐增强,表明 10-CPE 对抗坏血酸具有电催化氧化作用。同时,由 3-41(b)插图可以看出,峰值电流与抗坏血酸溶液的浓度成正比,同样证明 10-CPE 对抗坏血酸良好的电催化活性。相比 7-CPE,双钒帽 Keggin 簇的催化活性得到了增强。

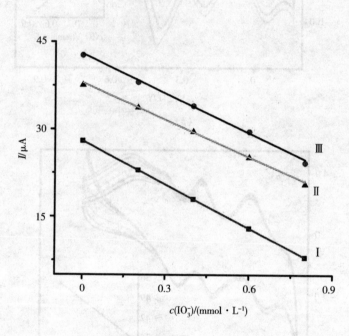

图 3-42　10-CPE 的氧化峰与碘酸钾溶液浓度的线性关系,扫速为 100 mV·s⁻¹

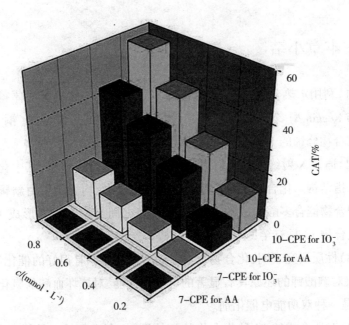

图 3-43　7-CPE 和 10-CPE 对碘酸盐和 AA 的催化效率图

为了更好地理解催化还原过程,笔者研究了 10-CPE 的催化机理。由 10-CPE 对碘酸钾的催化过程可以看出,对于氧化还原峰满足 $2e^- + 2H^+$ 的氧化还原过程。10-CPE 对于碘酸钾的催化还原可以按如下方程来描述:

电化学反应:

$$PMo_8^{VI}V_4^VO_{40}(V^{IV}O)_{23}^- + 2H^+ + 2e \Longrightarrow H_2PMo_6^{VI}Mo_2^VV_4^VO_{40}(V^{IV}O)_{23}^- \quad (1)$$

$$H_2PMo_6^{VI}Mo_2^VV_4^VO_{40}(V^{IV}O)_{23}^- + 2H^+ + 2e \Longrightarrow H_4PMo_4^{VI}Mo_4^VV_4^VO_{40}(V^{IV}O)_{23}^-$$

$$(2)$$

$$H_4PMo_4^{VI}Mo_4^VV_4^VO_{40}(V^{IV}O)_{23}^- + 2H^+ + 2e \Longrightarrow H_6PMo_2^{VI}Mo_6^VV_4^VO_{40}(V^{IV}O)_{23}^- (3)$$

催化过程:

$$H_6PMo_2^{VI}Mo_6^VV_4^VO_{40}(V^{IV}O)_{23}^- + IO_{3-} \Longrightarrow PMo_8^{VI}V_4^VO_{40}(V^{IV}O)_{23}^- + I^- + 3H_2O(4)$$

晶体电化学数据可以看出,如图 3-43 所示,7-CPE 对 0.8 mmol·L^{-1} 的碘酸盐和 AA 的催化效率分别为 16% 和 1%,10-CPE 对 0.8 mmol·L^{-1} 的碘酸盐和 AA 的催化效率分别为 57% 和 43%。相比于 7-CPE,10-CPE 对 IO_3^- 和 AA 都有较高的催化效率,可能归因于在具有双钒帽的化合物 10 中钼与钒原子的协同作用。

3.5　本章小结

（1）利用水热合成技术，通过选择不同的金属与咪唑类配体得到的配合物来修饰 Keggin 型多金酸，制备了 14 个文献未报道的过渡金属（铜、银、钴、镍）/咪唑配合物修饰的 Keggin 型多酸基无机有机晶态化合物。

（2）通过 X 射线单晶衍射对化合物的结构进行了解析，其中化合物 6 具有四重叉指结构。化合物 7~11 为异质同构化合物，均展示了由新颖的螺旋桨形金属配合物键合多酸形成的 1D 链，链和链之间又相互穿插形成了 3D 叉指结构。化合物 13 具有罕见的 2D+0D 结构。

（3）性质研究表明，化合物 1 对亚硝酸盐的还原有很好的催化活性，化合物 10 不仅对碘酸钾的还原具有显著的电催化性能，对抗坏血酸的氧化也具有催化活性，是一种双功能电催化剂。

（4）对所合成的 14 种化合物的初始原料、合成条件和结构进行对比发现，随着多酸阴离子电荷增加和阴离子电荷密度逐渐增大，化合物趋于形成复杂的多核银结构，且化合物的维度也增加。

第4章 金属/咪唑类配体修饰的 Wells-Dawson 型多酸

4.1 引言

在金属配合物自组装过程中,金属阳离子的配位环境、阴离子的电荷等都会直接影响最终产物的结构。因此,合理选取反应物对于化合物的合成非常重要。多酸阴离子具有多样的构型、尺寸和电荷,且其表面的氧原子可作为潜在的配位点,这些特征使多酸阴离子可作为优秀的无机配体来形成具有特殊结构的无机有机杂化化合物。

相比于其他类型的多酸阴离子,经典的 Wells-Dawson 型多酸阴离子因其结构中含有 18 个端基氧原子和 36 个桥氧原子(这些氧原子都可以作为潜在的配位点与过渡金属相配位)从而使产物具有扩展结构。另外,Wells-Dawson 型多酸阴离子还能诱导非对称配位。因此,对过渡金属配合物修饰的 Wells-Dawson 型化合物进行研究是很有必要的。

银离子在光学、抗菌等领域具有广泛的应用,且它的配位方式灵活多样,所以银离子经常被用于金属有机配合物的构筑。除此以外,银离子独具的亲银特性还经常导致 Ag—Ag 键的生成。因此,在多酸研究领域中,基于多酸和含银配合物的化合物有很多。这些化合物中,银离子展现出了双核、三核、五核簇以及银笼等结构。可能因为 Ag—Ag 键比较弱,由银链修饰的多酸基无机有机杂化化合物被公开报道得很少。无机有机杂化化合物中一般仅含有一种有机配体,当第二种有机配体存在时,对化合物最终结构的影响报道得也很少。据我们所知,第二配体对基于 Wells-Dawson 型多酸且含有银配合物的无机有机杂化化合物的结构影响还没有报道。

基于以上讨论,本章通过选择适当的有机配体及调变金属盐,使 Wells-Dawson 型多酸阴离子自组装形成恰当的结构单元,来构筑具有特殊结构的无机有机杂化材料。化合物的分子式分别是:

$$\{[Ag_2(bim)_2]_5[OH]_2[Ag_4(bim)_4(P_2W_{18}O_{62})_2]\} \cdot 4H_2O \qquad (15)$$

$$\{[Ag_6(bim)_6(im)_2][P_2W_{18}O_{62}]\} \cdot 4H_2O \qquad (16)$$

$$\{[Hitmb]_2[H_4P_2W_{18}O_{62}]\} \cdot 3H_2O \qquad (17)$$

$$\{[Cu_2^I(itmb)_4][H_4P_2W_{18}O_{62}]\} \cdot H_2O \qquad (18)$$

本章所用的配体如图 4-1 所示,bim = 2,2′-biimidazole,im = imidazole,itmb = 1-(imidazo-1-ly)-4-(1,2,4-triazol-1-ylmethyl)benzene。

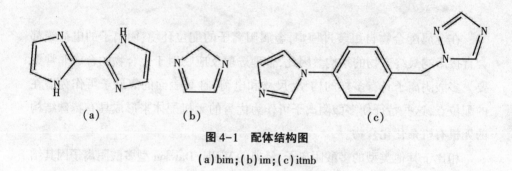

图 4-1　配体结构图

(a)bim;(b)im;(c)itmb

4.2　金属/bim、im 修饰的 Wells-Dawson 型多酸

4.2.1　金属/bim、im 修饰的 Wells-Dawson 型多酸的结构

4.2.1.1　X 射线晶体学测定

化合物 15 和化合物 16 的晶体数据和结构精修数据见表 4-1。

表 4-1　化合物 15 和化合物 16 的晶体数据和结构精修数据

化合物	15	16
化学式	$C_{84}H_{94}N_{56}Ag_{14}P_4W_{36}O_{130}$	$C_{42}H_{52}N_{28}Ag_6P_2W_{18}O_{66}$
相对分子质量	12220.62	6023.48
晶系	0.71069	0.71073
空间群	Triclinic	Monoclinic
$a/\text{Å}$	$P-1$	$C2/c$
$b/\text{Å}$	14.694(5)	31.6262(18)
$c/\text{Å}$	16.444(5)	13.8880(8)
$\alpha/(°)$	21.741(5)	26.6653(15)
$\beta/(°)$	78.457(5)	90
$\gamma/(°)$	75.277(5)	110.112(1)
$V/\text{Å}^3$	81.060(5)	90
Z	4948(3)	10997.9(11)
$D_{calcd}/(\text{g}\cdot\text{cm}^{-3})$	1	4
μ/mm^{-1}	4.11	3.605
Goodness-of-fit on F^2	22.319	19.906
[a]$R_1[I>2\sigma(I)]$	0.0365	0.0427
$wR_2[I>2\sigma(I)]$	0.0449	0.0347
$R_1(\text{all data})$	0.1138	0.0714
[b]$wR_2(\text{all data})$	0.0607	0.0566

4.2.1.2　化合物的晶体结构

（1）化合物 15 的单晶结构

单晶 X 射线衍射数据表明化合物 15 属于三斜晶系空间群 P-1。如图 4-2 所示,单体由 14 个 Ag^+、14 个 bim 配体、2 个 $[P_2W_{18}O_{62}]^{6-}$ 阴离子(简称 P_2W_{18})和 4 个水分子组成。为了平衡电荷,2 个羟基已被加到化合物 15 的分子式中。

杂多阴离子为经典的 Wells-Dawson 结构,W—O_d 键的键长在 1.668~1.708 Å 范围内;W—$O_{b/c}$ 键的键长在 1.898~1.931 Å 范围内;W—O_a 键的键长在 2.317~2.409 Å 范围内。经过价键计算,所有的 W 原子都处于+Ⅵ氧化态。

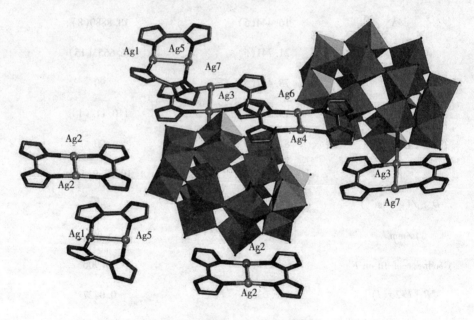

图 4-2　化合物 15 的分子结构图

在化合物 15 中,有 7 个晶体学独立的 Ag^+,Ag1~Ag7。在该结构中,Ag1 和 Ag5、Ag2 和 Ag2、Ag3 和 Ag7、Ag4 和 Ag6 之间的距离分别是 2.812 Å、2.837 Å、2.809 Å 和 2.839 Å,这比两个银原子的范德瓦耳斯半径(3.44 Å)短,因而形成了双核银结构。双核银 Ag2 基团可以分为以下两类:离散型(Ag1…Ag5、Ag2…Ag2 和 Ag4…Ag6)和配位型(Ag3…Ag7)。在双核银结构中,Ag3 与来自 1 个

P_2W_{18} 阴离子的 1 个端氧、2 个 bim 配体的 2 个氮原子和 1 个银原子配位。其他银原子都采用了三配位的 T 型几何形状,与 2 个来自于 bim 配体的氮原子和 1 个银原子配位。

　　Ag—N 键的键长在 2.077~2.136 Å 范围内,Ag—O 键的键长为 2.652 Å,N—Ag—N 键的键角在 87.9~175.4°范围内,N—Ag—O 键的键角在 87.871~90.923°范围内。这个范围在正常的六配位的 Ag 配合物体系中。

　　(2)化合物 16 的单晶结构

　　单晶 X 射线衍射数据表明化合物 16 属于单斜晶系 $C2/c$ 空间群。如图 4-3 所示,化合物 16 单体是由 6 个 Ag^+、1 个 P_2W_{18}、6 个 bim 配体分子、2 个 im 配体分子和 4 个水分子所构成的。

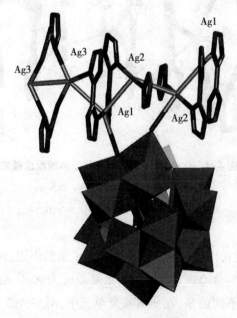

图 4-3　化合物 16 的结构图

　　化合物 16 的结构可以看作 Ag-bim-im 链和 P_2W_{18} 阴离子的组合。在银-bim-im 链中,存在 3 种银离子(Ag1、Ag2 和 Ag3)、1 种 im 配体和 3 种 bim 配体(bim-1、bim-2 和 bim-3)。Ag1 与来自 2 个 bim-2 配体的 2 个氮原子和来自 P_2W_{18} 阴离子的 1 个氧原子配位。Ag2 与来自 P_2W_{18} 阴离子的 1 个氧原子、来自 1 个 bim-2 和 im 配体的 2 个氮原子配位。Ag3 与来自 2 个 bim-1 配体和 1 个 bim-2 的 3 个氮原子配位。Ag—N 键和 Ag—O 键的键长分别在 2.109～2.346 Å 和 2.775～2.864 Å 范围内。

如图 4-4 所示,3 种 bim 配体与不同的银离子配位:bim-1 与 2 个 Ag3 离子配位;bim-2 与 1 个 Ag1 和 1 个 Ag2 离子配位;bim-3 与 1 个 Ag1 和 1 个 Ag3 离子配位。

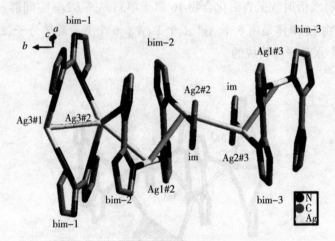

图 4-4　化合物 16 中银离子及配体的配位模式

对称代码:#1 0.5-x,0.5+y,0.5-z;

#2x,1-y,0.5+z;#30.5-x,-0.5+y,0.5-z。

Ag—Ag 间的相互作用在形成银链时发挥了重要作用,此银链中 Ag—Ag 键的键长范围为 2.925～3.068 Å。银链的重复单元为 Ag3-Ag3-Ag1-Ag2-Ag2-Ag1。与化合物 15 不同的是,在所有重复单元中,Ag1-Ag3 与 1 个 bim-2 配体桥联,Ag3-Ag3 与 2 个 bim-1 配体键联,Ag1-Ag2 与 1 个 bim-2 配体和 1 个 im 配体桥接。此外,Ag2-Ag2 与 2 个 im 配体配位,即此银链含有混合配体。据我们所知,含有混合配体的银链还未见文献报道。

如图 4-5 所示,P_2W_{18} 阴离子作为无机的四齿配体与银链相连。每个 P_2W_{18} 阴离子提供 2 个相邻的氧原子(桥氧 O7 和端氧 O18),另外 2 个相对的氧原子共价连接至 2 个相邻的无限 Ag 原子-bim 配合物链。因此,由多酸阴离子和银配合物形成一个 2D 层。

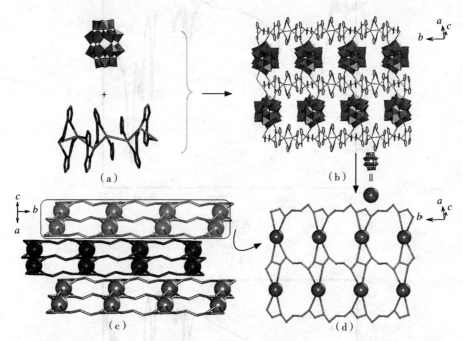

图 4-5 (a)化合物 16 的结构图；(b)2D 层多面体和线棍图；(c)、(d)2D 层抽象图

4.2.2 金属/bim、im 修饰的 Wells-Dawson 型多酸的表征

4.2.2.1 红外光谱

化合物 15 和化合物 16 的红外光谱如图 4-6 所示。在 1082 cm^{-1}、951 cm^{-1}、906 cm^{-1}、795 cm^{-1} 和 1086 cm^{-1}、956 cm^{-1}、908 cm^{-1}、795 cm^{-1}处出现的特征峰分别归结为化合物 15 和化合物 16 中多阴离子的 $\nu(P—O)$，$\nu(W=O_t)$，$\nu_{as}(W—O_b—W)$ 和 $\nu_{as}(W—O_c—W)$ 的振动峰。在 1600~1200 cm^{-1} 范围内出现的吸收谱带可以归结为配体 bim 和 im 的特征峰。

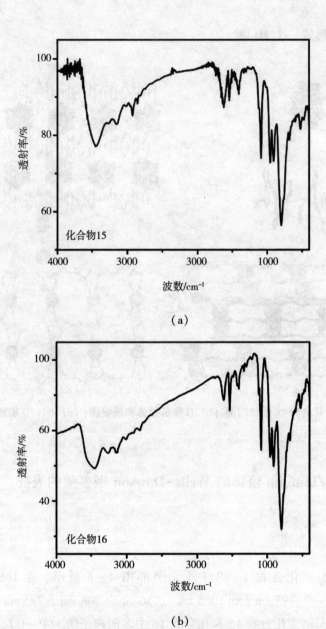

图4-6　化合物 15 和化合物 16 的红外光谱

4.2.2.2　X 射线粉末衍射

图 4-7 展示的是化合物 15 和化合物 16 的实验 PXRD 和拟合 PXRD。分析数据可以看出,两个化合物实验 PXRD 及拟合 PXRD 的峰位基本吻合,表明了化合物的相纯度。

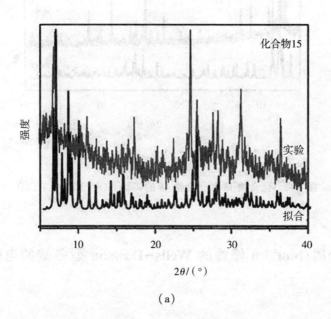

(a)

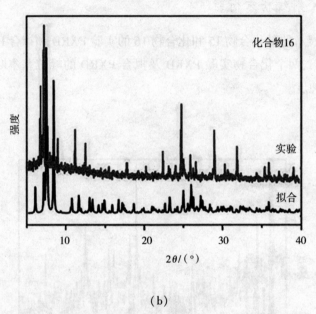

（b）

图4-7　化合物 15 和化合物 16 的实验 PXRD 和拟合 PXRD

4.2.3　金属/bim、im 修饰的 Wells-Dawson 型多酸的电化学性质研究

化合物 15 和化合物 16 的循环伏安（CV）实验是在 1 mol·L^{-1} H$_2$SO$_4$ 溶液中进行的。如图 4-8 所示，在 -0.8~0 V 范围内，15-CPE 和 16-CPE 分别出现了三对可逆的氧化还原峰（Ⅰ与Ⅰ′、Ⅱ与Ⅱ′、Ⅲ与Ⅲ′）。在扫速为 100 mV·s^{-1} 时，对于 15-CPE，三对峰的半波电位 $E_{1/2}$ =（E_{ap} + E_{cp}）/2 分别为 -0.6 V（Ⅰ-Ⅰ′）、-0.3652 V（Ⅱ-Ⅱ′）和 -0.089 V（Ⅲ-Ⅲ′）。对于 16-CPE，三对峰的半波电位分别为 -0.587 V（Ⅰ-Ⅰ′）、-0.364 V（Ⅱ-Ⅱ′）和 -0.115 V（Ⅲ-Ⅲ′），可归属于 Wells-Dawson 型多阴离子 P$_2$W$_{18}$ 中 W 中心的三个连续的两电子的氧化还原过程。

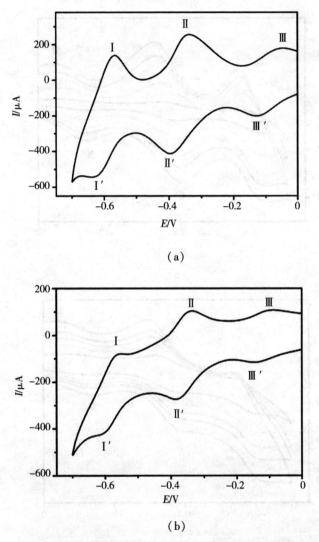

图 4-8　不同电极在 1 mol · L^{-1} H$_2$SO$_4$ 缓冲溶液中的循环伏安图

(a) 15-CPE；(b) 16-CPE,扫速为 100 mV · s^{-1}

如图 4-9 所示,当扫速由 75 mV · s^{-1} 变化到 175 mV · s^{-1} 时,还原峰电流与氧化峰电流同样增大;氧化峰电位向更正的方向移动,还原峰电位向更负的方向移动。

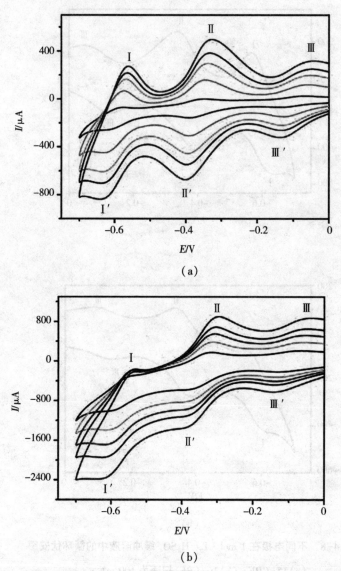

图 4-9　不同电极在 1 mol·L^{-1} H$_2$SO$_4$ 缓冲溶液中(扫速由内至外分别是 75 mV·s^{-1}、

100 mV·s^{-1}、125 mV·s^{-1}、150 mV·s^{-1}、175 mV·s^{-1}) 的循环伏安图

(a)15-CPE；(b)16-CPE

　　笔者还对 15-CPE 和 16-CPE 的电催化性质做了以下研究,图 4-10 是 15-CPE 和 16-CPE 在扫速为 100 mV·s^{-1} 下对碘酸盐和亚硝酸盐的催化还原曲

线。由图可知,15-CPE 和 16-CPE 对碘酸盐和亚硝酸盐有催化还原作用,即随着底物的加入,氧化峰逐渐减弱还原峰逐渐增强。催化效率图如图 4-11 所示,15-CPE 对碘酸盐和亚硝酸盐的催化效率分别为 17.40% 和 113.87%,16-CPE 对碘酸盐和亚硝酸盐的催化效率分别为 63.17% 和 113.30%。数据表明,15-CPE 和 16-CPE 在检测 NO_2^- 和 IO_3^- 时有潜在的应用,尤其对亚硝酸盐有很好的催化还原。

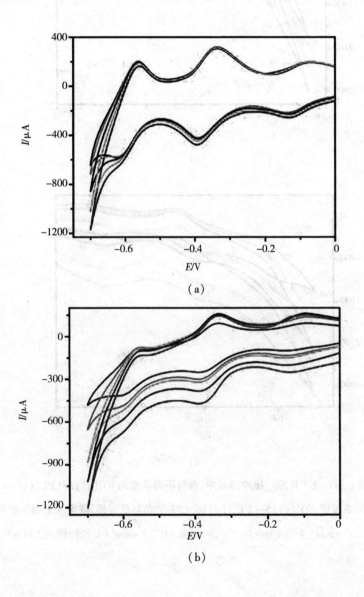

(a)

(b)

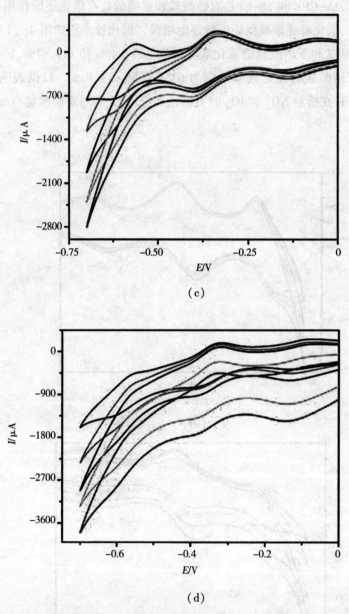

（c）

（d）

图 4-10　在 1 mol·L⁻¹ H₂SO₄ 缓冲溶液中，含有不同浓度的 IO₃⁻(a) 15-CPE、(b) 16-CPE

和含有不同浓度的 NO₂⁻(c) 15-CPE、(d) 16-CPE 的循环伏安图，浓度从上到下分别为

0 mmol·L⁻¹、2 mmol·L⁻¹、4 mmol·L⁻¹、6 mmol·L⁻¹、8 mmol·L⁻¹，扫速为 100 mV·s⁻¹

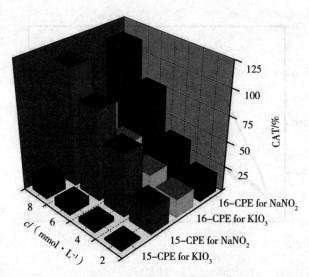

图 4-11　15-CPE 和 16-CPE 对碘酸盐和亚硝酸盐的催化效率图

　　此外，笔者研究了化合物 15 和化合物 16 的电化学稳定性。在 1 mol·L^{-1} 的 H_2SO_4 溶液中，15-CPE 和 16-CPE 在扫速为 100 mV·s^{-1} 下循环扫描 20 次。由图 4-12 可以看出，循环扫描 20 次之后，电极信号几乎没有损失，表明催化剂 15-CPE 和 16-CPE 具有高稳定性。

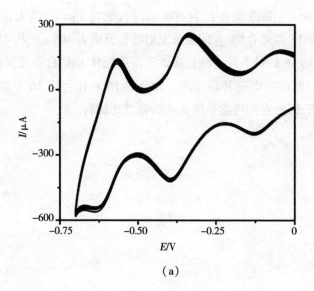

（a）

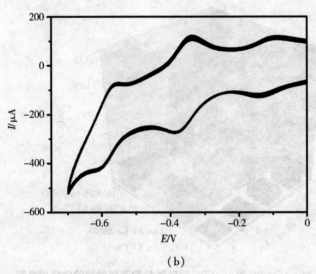

（b）

图 4-12　（a）15-CPE 和（b）16-CPE 在 1 mol · L⁻¹ H₂SO₄ 缓冲溶液中
扫描 20 次的循环伏安图，扫速为 100 mV · s⁻¹

4.2.4　金属/bim、im 修饰的 Wells-Dawson 型多酸的荧光性质研究

　　笔者在室温下研究了化合物 15、化合物 16 和配体 bim 固体状态的发光特性。如图 4-13 所示，当激发波长为 300 nm 时，配体 bim 的最大发射波长为 404 nm。化合物 15 和化合物 16 的最大发射波长分别为 409 nm 和 412 nm。化合物 15 和化合物 16 的最大发射波长接近于游离配体 bim 的最大发射波长，可能是由于配体对配体的电荷转移作用。化合物 15 和化合物 16 不溶于常见溶剂和非极性溶剂，因此它们可能是潜在的固态发光材料。

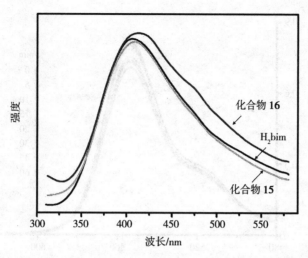

图 4-13　化合物 15、化合物 16 和 bim 的发射光谱图

4.2.5　金属/bim、im 修饰的 Wells-Dawson 型多酸的光催化性质研究

利用光催化技术处理印染废水研究一直备受关注。罗丹明 B(RhB)是一种染料污染物,可用来模拟废水脱色效果。笔者通过常规方法研究了化合物 15 和化合物 16 对 RhB 的光降解性质。图 4-14 为分别加入化合物 15、化合物 16 及未加催化剂时 RhB 溶液的降解率随照射时间的变化。RhB 的降解率(η)可以表示为 $\eta = [(A_0 - A)/A_0] \times 100\%$,其中 A_0 是最大吸收波长时 RhB 溶液的初始吸光度;A 是紫外光照射一定时间后 RhB 溶液所具有的吸光度。照射 1 h 后,含有化合物 15 和化合物 16 的 RhB 溶液的降解率分别为 14.3% 和 24.4%,而未含催化剂的 RhB 的降解率仅为 2.4%。结果表明,化合物 15 和化合物 16 对 RhB 具有高光催化降解活性。化合物 15 和化合物 16 不溶于水和常规有机溶剂,因此可用于固体催化剂且可以重复利用,是绿色的光催化剂材料。

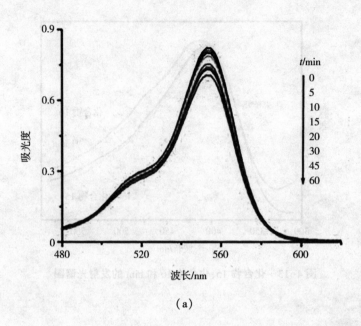

（a）

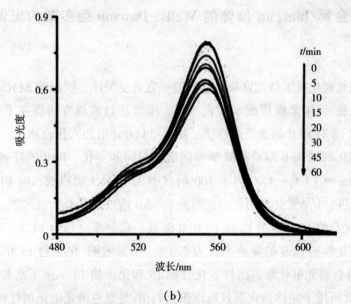

（b）

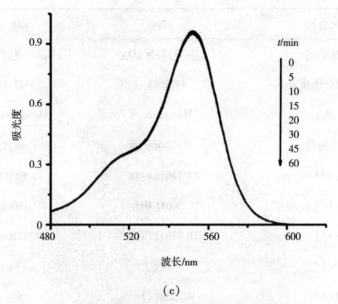

（c）

**图 4-14　含有(a)化合物 15、(b)化合物 16 和(c)无催化剂的 RhB 溶液
在紫外光照射下的吸收曲线**

4.3　金属/itmb 修饰的 Wells-Dawson 型多酸

4.3.1　金属/itmb 修饰的 Wells-Dawson 型多酸的结构

4.3.1.1　X 射线晶体学测定

化合物 17 和化合物 18 的晶体数据和结构精修数据见表 4-3。

表 4-3 化合物 17 和 18 的晶体数据和结构精修表

化合物	17	18
化学式	$C_{24}H_{34}N_{10}P_2W_{18}O_{65}$	$C_{48}H_{50}Cu_2N_{20}O_{63}P_2W_{18}$
相对分子质量	4873.81	5413.36
晶系	Monoclinic	Orthorhombic
空间群	$C2/c$	$Pna2(1)$
$a/\text{Å}$	23.7861(14)	22.959(5)
$b/\text{Å}$	15.8061(10)	20.1900(5)
$c/\text{Å}$	21.7893(19)	21.1810(5)
$\alpha/(°)$	90	90
$\beta/(°)$	92.559(2)	90
$\gamma/(°)$	90	90
$V/\text{Å}^3$	8183.9(10)	9818.0(4)
Z	1	4
$D_{calcd}/(g \cdot cm^{-3})$	3.928	3.658
μ/mm^{-1}	25.328	21.552
Goodness-of-fit on F^2	1.133	1.028
[a]$R_1[I>2\sigma(I)]$	0.0538	0.0473
$wR_2[I>2\sigma(I)]$	0.1456	0.1018
R_1(all data)	0.0846	0.0665
[b]wR_2(all data)	0.1783	0.1106

4.3.1.2　化合物的晶体结构

（1）化合物 17 的单晶结构

单晶 X 射线衍射数据表明化合物 17 属于单斜晶系 $C2/c$ 空间群。如图 4-15(a) 所示,化合物 17 的单体是由 1 个 Wells-Dawson 型多阴离子 P_2W_{18}、2 个游离的质子化的抗衡配体 itmb 分子和 3 个水分子所构成的。P_2W_{18} 阴离子的 W—O 键的键长范围与已报道的钼八酸盐晶体结构中的 Mo—O 键相应的键长范围相近。该化合物中,配体上的氮原子被质子化作为抗衡阳离子平衡整个分子。如图 4-15(b) 所示,多酸分子通过氢键形成 1D 链,1D 链通过氢键与配体相连,形成 3D 结构。

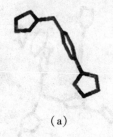

(a)

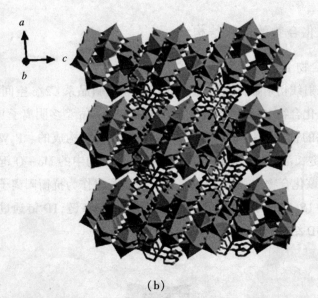

(b)

图4-15　(a)化合物17的单体图;(b)化合物17的3D结构图。

(2)化合物18的结构

单晶 X 射线衍射数据表明化合物 18 属于正交晶系, 空间群为 $Pna2_1$。如图 4-16 所示, 化合物 18 单体是由一个多阴离子 P_2W_{18}、2 个晶体学独立的铜原子、4 个配体 itmb 分子和 1 个水分子所构成的。

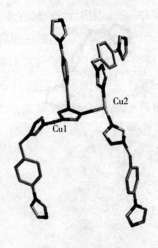

(a)

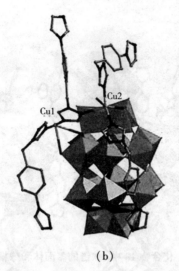

(b)

图 4-16　化合物 18 中的(a)[Cu$_2$(itmb)$_4$]$^{2+}$阳离子和(b)单体图

Cu1 为四配位的跷跷板几何构型,配位来自于 1 个 P$_2$W$_{18}$ 的 2 个氧原子和来自 2 个配体的 2 个氮原子。Cu1 周围的 Cu—O 键的键长在 2.758~2.828 Å 范围内,Cu—N 键的键长在 1.87~1.881 Å 范围内,N—Cu—N 键的键角为 175.8°,N—Cu—O 键的键角在 76.97~105.54°范围内。Cu2 为五配位模式,与来自 2 个 P$_2$W$_{18}$ 的 2 个氧原子和来自 3 个配体的 3 个氮原子配位,形成金字塔形的配位构型。Cu2 周围的 Cu—N 键的键长为 1.91~2.48 Å, Cu—O 键的键长为 2.831~2.867 Å, N—Cu—N 键的键角为 175.8°,N—Cu—O 键的键角为 76.97~105.54°。所有的键长和键角与文献一致。通过这种配位模式,相邻的 Cu1、Cu2 原子和 4 个 itmb 配体连接在一起形成了[Cu$_2$(itmb)$_4$]$^{2+}$配合物。多阴离子 P$_2$W$_{18}$ 是经典的 Wells-Dawson 型,如图 4-17 所示,每个 P$_2$W$_{18}$ 阴离子作为四齿无机配体,连接来自 2 个相邻配合物[Cu$_2$(itmb)$_4$]$^{2+}$ 的 3 个铜原子,因此,沿着 a 轴形成了 1D 链。

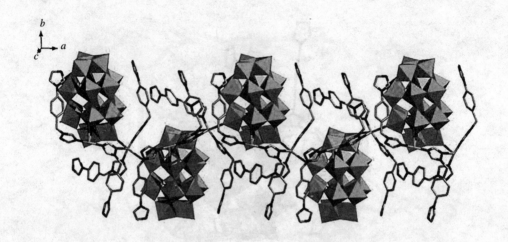

图 4-17   化合物 18 中 1D 链的多面体和球棍图

4.3.2   金属/itmb 修饰的 Wells-Dawson 型多酸的表征

4.3.2.1   红外光谱

化合物 17 和化合物 18 的红外光谱如图 4-18 所示。700~1100 cm^{-1} 范围内的谱带归属于 P_2W_{18} 的特征吸收峰，1100~1700 cm^{-1} 范围内的谱带归属于 itmb 的特征吸收峰。其中，在 1088 cm^{-1}、945 cm^{-1}、907 cm^{-1}、793 cm^{-1} 和 1086 cm^{-1}、958 cm^{-1}、907 cm^{-1}、797 cm^{-1} 处出现的特征峰分别归属为多阴离子的 $\nu(P—O)$、$\nu(W\!=\!O_t)$、$\nu_{as}(W—O_b—W)$ 和 $\nu_{as}(W—O_c—W)$ 的振动峰。

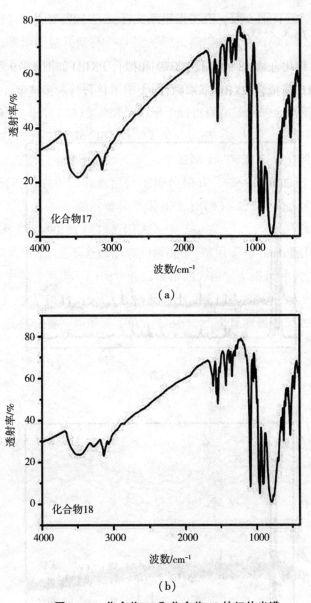

图 4-18　化合物 17 和化合物 18 的红外光谱

4.3.2.2 粉末 X 射线衍射

化合物 17 和化合物 18 的实验 PXRD 和拟合 PXRD 如图 4-19 所示。可以看出,实验 PXRD 与拟合 PXRD 基本吻合,表明了化合物的相纯度。

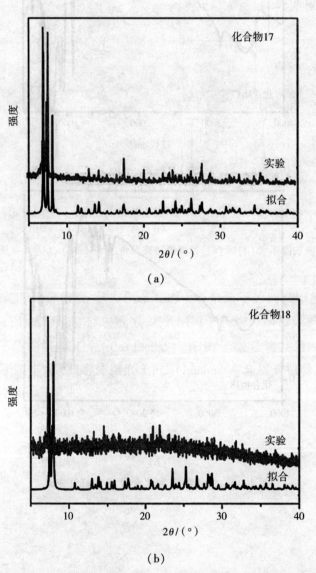

图 4-19 化合物 17 和化合物 18 的实验 PXRD 和拟合 PXRD

4.3.2.3　X 射线光电子能谱

为了验证化合物 18 中金属的价态,笔者对 Cu 和 W 元素分别进行了光电子能谱分析。如图 4-20 所示,化合物 18 在 932.9 eV 和 952.6 eV 处的特征峰可分别归属于 Cu $2p_{3/2}$ 和 Cu $2p_{1/2}$,在 35.8 eV 和 37.6 eV 处的特征峰可分别归属于 W $4f_{5/2}$ 和 W $4f_{7/2}$。通过晶体颜色、配位环境和价键计算也可进一步证实分子式的正确。

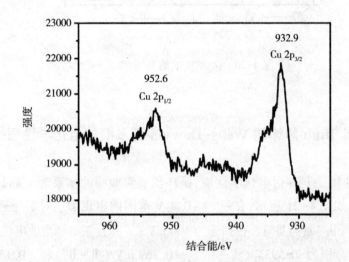

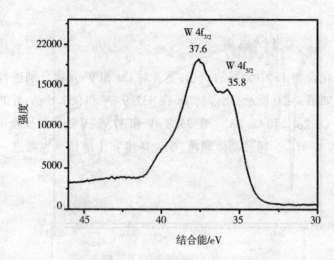

图 4-20　化合物 18 的 XPS 图

4.3.3　金属/itmb 修饰的 Wells-Dawson 型多酸的电化学性质研究

以化合物 18 为例探讨电化学性质,循环伏安实验缓冲体系为 1 mol·L^{-1} H$_2$SO$_4$ 溶液。如图 4-21 所示,在 -0.7~0.4 V 范围内出现了三对氧化还原峰（Ⅰ与Ⅰ′、Ⅱ与Ⅱ′、Ⅲ与Ⅲ′）。在扫速为 100 mV·s^{-1} 时,三对峰半波电位 $E_{1/2}$ = (E_{ap}+E_{cp})/2 分别为 -0.595V（Ⅰ-Ⅰ′）、-0.369 mV（Ⅱ-Ⅱ′）和 -0.130 mV（Ⅲ-Ⅲ′）,可归属于 P$_2$W$_{18}$ 阴离子中 W 的氧化还原过程。在图 4-21 中铜中心的氧化峰出现在 +0.031 V（Ⅰ）,这个现象与文献一致。

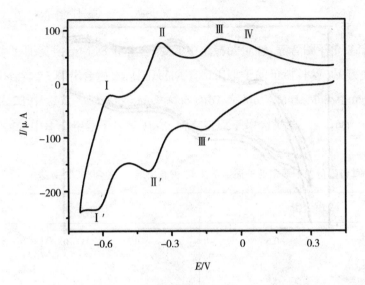

**图 4-21　18-CPE 在 1 mol · L⁻¹ H₂SO₄ 缓冲溶液中的循环伏安图,
扫速为 100 mV · s⁻¹**

　　笔者研究了 18-CPE 的电催化性质。图 4-22 是 18-CPE 在扫速为 100 mV · s⁻¹ 下对过氧化氢、亚硝酸钠和碘酸钾的还原的循环伏安曲线。由图可知,18-CPE 中钨的还原物种对三种催化底物均有催化作用,即随着底物的加入,氧化峰逐渐减弱,还原峰逐渐增强。

　　图 4-23 为还原峰 I′与不同浓度底物间的线性关系,从图中可以看出,还原峰的峰电流与底物浓度存在良好的线性关系。

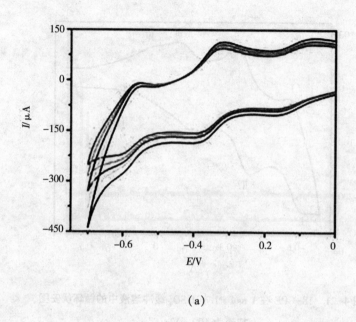

(a)

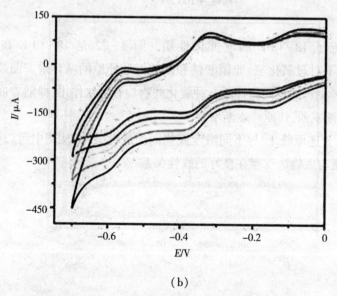

(b)

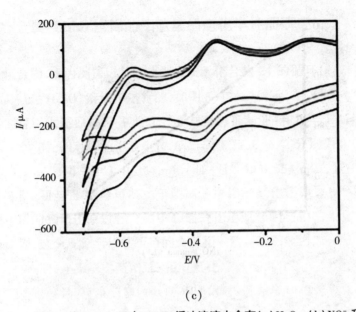

（c）

图 4-22　18-CPE 在 1 mol · L^{-1} H$_2$SO$_4$ 缓冲溶液中含有(a)H$_2$O$_2$、(b)NO$_2^-$ 和(c)IO$_3^-$ 的

浓度分别为 0 mmol · L^{-1}、2 mmol · L^{-1}、4 mmol · L^{-1}、6 mmol · L^{-1}、8 mmol · L^{-1} 的

循环伏安图,扫速为 100 mV · s^{-1}

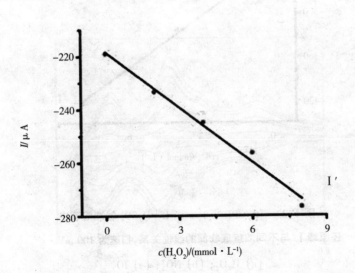

（a）

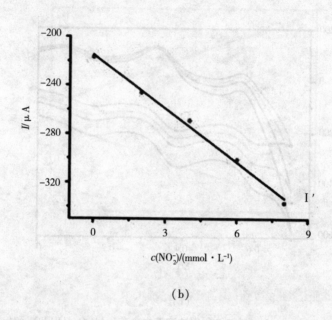

（b）

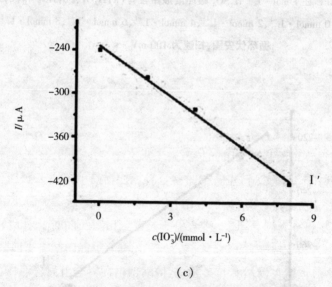

（c）

图 4-23 18-CPE 在 1 mol·L⁻¹ H₂SO₄ 缓冲溶液中

还原峰 I′ 与不同浓度底物间的线性关系,扫速为 100 mV·s⁻¹

（a）H₂O₂;（b）NO₂⁻;（c）IO₃⁻

　　图 4-24 为 18-CPE 对底物的催化效率图。由图 4-24 可知,18-CPE 对过氧化氢的还原反应催化效率为 26.36%,对亚硝酸盐的还原反应催化效率为 55.30%,对碘酸钾的还原反应催化效率最高,可达 76.44%。以上分析表明, 18-CPE 在检测过氧化氢、亚硝酸钠和碘酸钾时有潜在的应用,尤其对碘酸钾的检测效果最好。

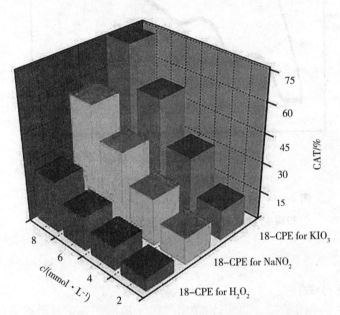

图 4-24　H_2O_2、NO_2^- 和 IO_3^- 浓度与催化效率关系图

　　此外,笔者还研究了化合物 18 的电化学稳定性。在 $1\ mol \cdot L^{-1}\ H_2SO_4$ 溶液中,18-CPE 在扫速为 $100\ mV \cdot s^{-1}$ 下循环扫描 40 次。由图 4-25 可以看出,循环扫描 40 次之后,电极信号几乎没有损失,表明催化剂 18-CPE 具有高稳定性。

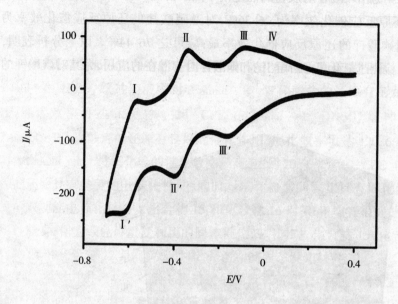

图 4-25　18-CPE 在 1 mol · L^{-1} H$_2$SO$_4$ 缓冲溶液中
扫描 40 次的循环伏安图,扫速为 100 mV · s^{-1}

4.4　本章小结

(1)利用水热合成技术,通过选择不同的金属与咪唑类配体得到的配合物来修饰 Wells-Dawson 型多金属氧酸盐,制备了 4 个文献未报道过的过渡金属(银,铜)/咪唑配合物修饰的 Wells-Dawson 结构多酸基无机-有机晶态化合物。

(2)通过 X 射线单晶衍射对化合物的结构进行了解析,其中化合物 16 中具有文献未报道过的新颖的双配体银链。

(3)性质研究表明,化合物 15 和化合物 16 对亚硝酸盐的还原有很好的催化,化合物 18 可以对碘酸钾、亚硝酸盐和过氧化氢的还原具有一定的电催化性能。另外,化合物 15 和化合物 16 可作为潜在的固态发光材料和固体光催化剂。

(4)对所合成的 4 种化合物的初始原料、合成条件和结构进行对比分析发现,第二配体的存在会增加配体的配位点,使化合物的结构更加复杂和新颖。

这 4 个化合物为合成含有 Wells-Dawson 多阴离子和含银/铜离子的无机有机杂化化合物提供了实例,也为分析第二配体在杂化化合物中的作用提供了实例。

第5章　金属/咪唑类配体修饰的同多酸

5.1　引言

　　相比于经典的 Keggin 型多酸和 Wells-Dawson 型多酸的迅速发展,近二十年来,同多酸盐也得到快速发展,一批结构新颖的同多钼酸盐、同多钨酸盐及同多钒酸盐陆续被报道出来。其中,同多钼酸盐发展尤其迅速,如二、三、四到八核及中等核性的 $[H_2Mo_{16}O_{52}]^{10-}$ 簇直至最终巨大的"柠檬"型 $\{Mo_{368}\}$ 簇。因此,当选择同多钼酸盐为基础建筑单元来构筑无机有机杂化化合物,可能会使无机、有机组分的功能相结合乃至提高。基于此,很多课题组在这一研究领域报道了很多化合物,Zubieta 课题组合成并表征了一系列以同多钼酸盐为基本建筑块的化合物,其中过渡金属-联吡啶片段将多酸建筑块连接形成延伸的结构。

　　由于 Klemperer、Harlow 和 Pope 等人的开创性工作,共价嫁接有机配体的多金属氧酸盐有机官能化已被广泛研究。正如预期的那样,得到的有机-无机杂化化合物不仅同时具有有机配体的优点(如优良的电子特性并易于合成)和无机多酸组分的优点(如良好的结构稳定性和电子接受能力),而且还具有有机配体与无机组分的协同作用。因此,基于化合物的新颖结构和特殊性质,这类杂化化合物已经得到很多人的关注。可是,合成这样的多酸官能化化合物仍有一些困难。

　　笔者选择适当的有机配体并改变原始反应物来合成含有同多钼酸盐结构的无机有机杂化化合物,调变反应物以合成出多酸官能化化合物,研究化合物的合成条件及规律。化合物的分子式为:

$$\{[bimb]_2[Mo_8O_{26}]\} \cdot 2H_2O \tag{19}$$

$$\{[bimb]_2[H_2Mo_8O_{26}]\} \cdot 2H_2O \qquad\qquad (20)$$

$$\{[Cu_2(itmb)_2][Mo_8O_{26}]\} \cdot 8H_2O \qquad\qquad (21)$$

$$\{[Co(itmb)_2][H_2Mo_8O_{26}]\} \cdot 2H_2O \qquad\qquad (22)$$

本章所用的配体如图 5-1 所示，bimb = 1,3-bis(1-imidazoly)benzene，itmb = 1-(imidazo-1-ly)-4-(1,2,4-triazol-1-ylmethyl)benzene。

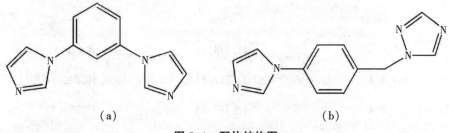

图 5-1　配体结构图

(a)bimb；(b)itmb

5.2　bimb 修饰的同多酸

5.2.1　bimb 修饰的同多酸的结构

5.2.1.1　X 射线晶体学测定

化合物 19 和化合物 20 的晶体数据和结构精修数据见表 5-1。

表 5-1　化合物 19 和化合物 20 的晶体数据和结构精修数据

化合物	19	20
化学式	$C_{24}H_{28}N_8Mo_8O_{28}$	$C_{24}H_{28}N_8Mo_8O_{28}$
相对分子质量	1644.04	1644.04
晶系	Orthorhombic	Triclinic
空间群	Pbca	$P-1$
$a/Å$	11.778(5)	8.107(5)
$b/Å$	17.712(5)	10.202(5)
$c/Å$	19.539(5)	13.703(5)
$\alpha/(°)$	90.000	70.172(5)
$\beta/(°)$	90.000	79.931(5)
$\gamma/(°)$	90.000	73.435(5)
$V/Å^3$	4076.0(2)	1018.1(9)
Z	4	1
$D_{calcd}/(g \cdot cm^{-3})$	2.666	2.636
μ/mm^{-1}	2.488	2.489
Goodness-of-fit on F^2	1.048	1.034
[a]$R_1[I>2\sigma(I)]$	0.0290	0.0307
$wR_2[I>2\sigma(I)]$	0.0846	0.0742
$R_1($all data$)$	0.0396	0.0436
[b]$wR_2($all data$)$	0.0902	0.0803

5.2.1.2　化合物的晶体结构

(1)化合物 19 的单晶结构

单晶 X 射线衍射数据表明化合物 19 属于正交晶系 $Pbca$ 空间群。如图 5-2(a)所示,单体是由 1 个 β-[Mo_8O_{26}]$^{4-}$ 阴离子、2 个离散的质子化的 bimb 分子和 2 个水分子所构成的。β-[Mo_8O_{26}]$^{4-}$ 阴离子的 Mo—O 键的键长范围与已报道的钼八酸盐晶体结构中的 Mo—O 键相应的键长范围相近。在该化合物中,有机分子咪唑环上的氮原子被质子化,作为抗衡阳离子来平衡整个分子。如图 5-2(b)所示,通过丰富的氢键作用,化合物 1 形成一个 3D 超分子堆积。

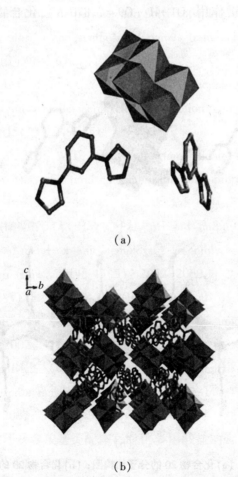

(a)

(b)

图 5-2　(a)化合物 19 的分子结构图;(b)化合物 19 的 3D 结构图

（2）化合物 20 的单晶结构

单晶 X 射线衍射数据表明化合物 20 属于单斜晶系 P-1 空间群。如图 5-3 （a）所示，单体是由 1 个 β-[Mo$_8$O$_{26}$]$^{4-}$ 阴离子、2 个离散的质子化的 bimb 分子和 2 个水分子所构成的。这个化合物的特别之处在于有机配体咪唑环上的氮原子直接配位到钼原子上，得到了以 β-[Mo$_8$O$_{26}$]$^{4-}$ 为基础的多酸官能化无机有机杂化化合物。化合物中 β-[Mo$_8$O$_{26}$]$^{4-}$ 阴离子的 Mo—O 键的键长范围与已报道的钼八酸盐晶体结构中的 Mo—O 键相应的键长范围相近。如图 5-3（b）所示，有机配体上的氮原子被质子化，作为抗衡阳离子平衡整个分子。通过多酸阴离子间分子间氢键作用（O1—H⋯O9 = 2.870 Å），化合物 20 形成一个 1D 直链。

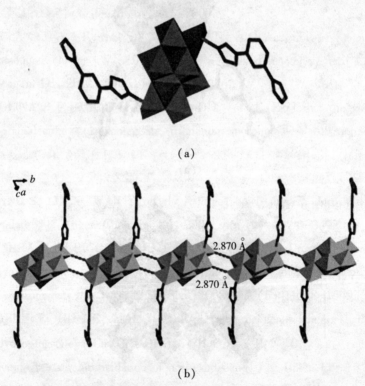

（a）

（b）

图 5-3　（a）化合物 20 的分子结构图；（b）化合物 20 的 1D 链

5.2.2　bimb 修饰的同多酸的表征

5.2.2.1　红外光谱

化合物 19 和化合物 20 的红外光谱如图 5-4 所示。在 $700 \sim 1100 \ cm^{-1}$ 范围内的强谱带归属于同多钼 $[Mo_8O_{26}]^{4-}$ 的特征吸收峰,在 $1100 \sim 1700 \ cm^{-1}$ 范围内的谱带归属于配体 bimb 的特征振动吸收峰。通过红外光谱图的分析可以基本确定化合物 19 和化合物 20 的大致组成。

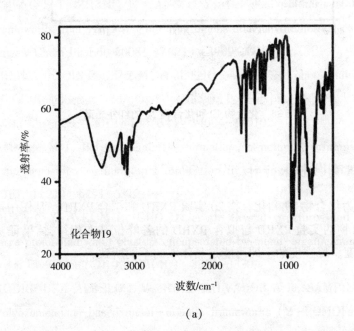

(a)

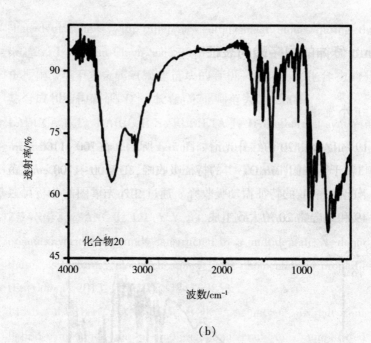

（b）

图5-4 化合物19和化合物20的红外光谱

5.2.2.2 X射线粉末衍射

图5-5为化合物19和化合物20实验PXRD和拟合PXRD。从图中可以看出，两个化合物的实验PXRD与拟合PXRD的各峰位基本相符，结果证实了化合物的相纯度。峰强度的不同可能是晶体取向不同所致。

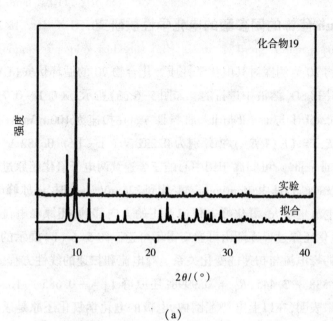

(a)

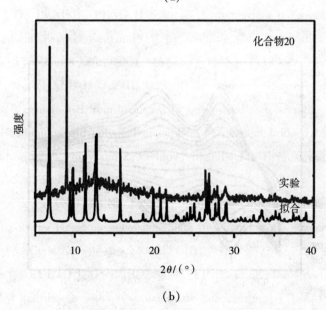

(b)

图 5-5　(a)化合物 19 和(b)化合物 20 的实验 PXRD 和拟合 PXRD

5.2.3 bimb 修饰的同多酸的电化学性质研究

以化合物 20 为例探讨其电化学性质。化合物 20 的循环伏安(CV)实验是在 1 mol·L^{-1} H$_2$SO$_4$ 溶液中进行的。如图 5-6 (a)所示,从 0.1 ~ 0.7 V 出现了三对氧化还原峰(Ⅰ与Ⅰ′、Ⅱ与Ⅱ′、Ⅲ与Ⅲ′)。在扫速为 100 mV·s^{-1} 时,三对峰半波电位 $E_{1/2}$ = (E_{ap} + E_{cp})/2 分别为 0.232 V (Ⅰ-Ⅰ′)、0.382 V (Ⅱ-Ⅱ′)和 0.512 V(Ⅲ-Ⅲ′),可归属于钼中心的三个连续两电子氧化还原过程。

当 20-CPE 的扫速由 25 mV·s^{-1} 变化到 225 mV·s^{-1} 时,还原峰电流增加,相应氧化峰电流也增大;氧化峰电位向更正的方向移动,还原峰电位向更负的方向移动,氧化还原过程逐渐由可逆变得不可逆。图 5-6 (b)展示的是第一对氧化还原峰的峰电流与扫速的变化关系。峰电流和扫速的线性方程分别为:氧化峰 I_{a1} = 0.588 + 3.445, R_a^{12} = 0.9998;还原峰 I_{c1} = -0.685 - 10.444, R_c^{12} = 0.9994。结果表明,在以上电势范围内,电极的电化学氧化还原是表面控制的电化学过程。

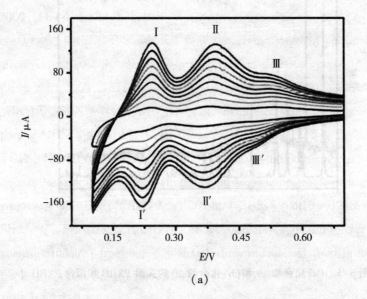

(a)

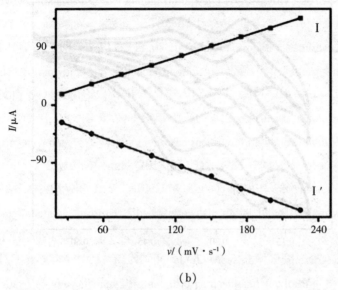

（b）

图 5-6　（a）20-CPE 在 1 mol·L⁻¹ H₂SO₄ 缓冲溶液中扫速由内至外分别是 25 mV·s⁻¹、50 mV·s⁻¹、75 mV·s⁻¹、100 mV·s⁻¹、125 mV·s⁻¹、150 mV·s⁻¹、175 mV·s⁻¹、200 mV·s⁻¹、225 mV·s⁻¹ 的循环伏安图；（b）第一对氧化还原峰的峰电流与扫速的变化关系

笔者对 20-CPE 的电催化性质做了以下研究，图 5-7 是 20-CPE 在扫速为 100 mV·s⁻¹ 下对 NO₂⁻、IO₃⁻ 和 H₂O₂ 的催化还原曲线。由图可知，20-CPE 的二-、四-、六-电子还原物种对 NO₂⁻、IO₃⁻ 和 H₂O₂ 均有催化作用，即随着底物的加入，氧化峰逐渐减弱，还原峰逐渐增强。结果表明，20-CPE 对 NO₂⁻、IO₃⁻ 和 H₂O₂ 的催化效率分别为 220.3%、120.6% 和 70.4%。表明 20-CPE 在检测 NO₂⁻、IO₃⁻ 和 H₂O₂ 方面有潜在的应用。

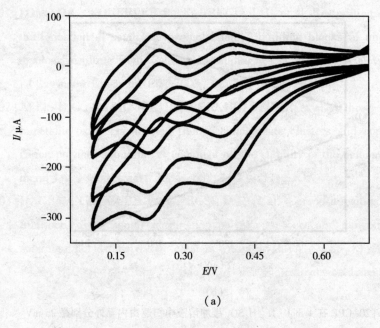

（a）

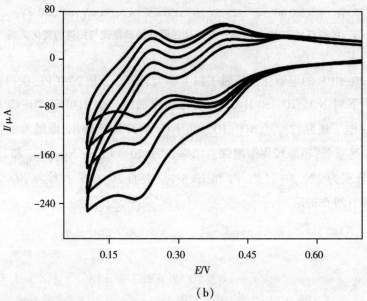

（b）

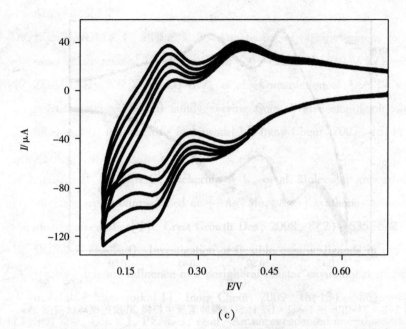

(c)

图 5-7 20-CPE 在 1 mol · L^{-1} H$_2$SO$_4$ 缓冲溶液中含有(a)NO$_2^-$ 及(b)IO$_3^-$ 的浓度从上到下

分别为 0 mmol · L^{-1}、0. 5 mmol · L^{-1}、1. 0 mmol · L^{-1}、1. 5 mmol · L^{-1}、2. 0 mmol · L^{-1}

以及(c)H$_2$O$_2$ 浓度为 0 mmol · L^{-1}、10. 0 mmol · L^{-1}、20. 0 mmol · L^{-1}、

30. 0 mmol · L^{-1}、40. 0 mmol · L^{-1} 的循环伏安图,扫速为 100 mV · s^{-1}

　　此外,20-CPE 电极展示了非常好的稳定性。在 1 mol · L^{-1} H$_2$SO$_4$ 溶液中,
当电势范围在 0. 1 ~ 0. 7 V 内,20-CPE 在扫速为 100 mV · s^{-1} 下循环扫描 20
次。由图 5-8 可以看出,循环扫描 20 次之后,峰电流的响应几乎没有发生变
化,表明 20-CPE 电极有很好的稳定性。

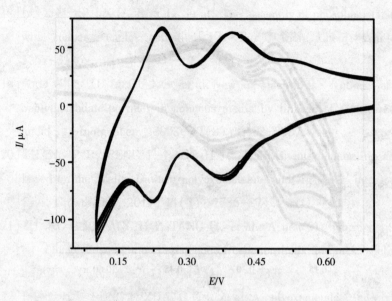

图 5-8　20-CPE 在 1 mol·L^{-1} H$_2$SO$_4$ 缓冲溶液中扫描 20 次的循环伏安图

5.3　金属/itmb 修饰的同多酸

5.3.1　金属/itmb 修饰的同多酸的结构

5.3.1.1　X 射线晶体学测定

化合物 21 和化合物 22 的晶体数据和结构精修数据见表 5-2。

表 5-2　化合物 21 和化合物 22 的晶体数据和结构精修数据

化合物	21	22
化学式	C$_{24}$H$_{34}$Cu$_2$Mo$_8$N$_{10}$O$_{32}$	C$_{24}$H$_{28}$N$_{10}$CoMo$_8$O$_{28}$
相对分子质量	1869.19	1730.99

续表

化合物	21	22
晶系	Monoclinic	Monoclinic
空间群	$C2/c$	$C2/c$
$a/\text{Å}$	23.8530(5)	31.5682(14)
$b/\text{Å}$	8.9850(5)	8.4228(4)
$c/\text{Å}$	22.9230(5)	20.6983(9)
$\alpha/(°)$	90	90
$\beta/(°)$	103.6850(5)	127.0420(10)
$\gamma/(°)$	90	90
$V/\text{Å}^3$	47730(3)	4392.9(3)
Z	4	4
$D_{\text{calcd}}/(\text{g}\cdot\text{cm}^{-3})$	2.584	2.575
μ/mm^{-1}	3.007	2.676
Goodness-of-fit on F^2	1.050	1.041
[a]$R_1[I>2\sigma(I)]$	0.0638	0.0253
$wR_2[I>2\sigma(I)]$	0.0578	0.0706
$R_1(\text{all data})$	0.082	0.0300
[b]$wR_2(\text{all data})$	0.1663	0.0739

5.3.1.2　化合物的晶体结构

(1)化合物21的结构

单晶 X 射线衍射数据表明化合物 21 属于单斜晶系 $C2/c$ 空间群。如图 5-9 所示,化合物 21 单体是由 1 个 $\beta\text{-}[\text{Mo}_8\text{O}_{26}]^{4-}$ 阴离子、2 个晶体学独立的铜原子、2 个配体 itmb 分子和 6 个水分子所构成的。β-$[Mo_8O_{26}]^{4-}$ 阴离子包含 14 个端氧、6 个双桥氧、4 个三桥氧和 2 个五重桥氧。Mo—O 键的键长范围与已报道的钼八酸盐晶体结构中的 Mo—O 键相应的键长范围相近。

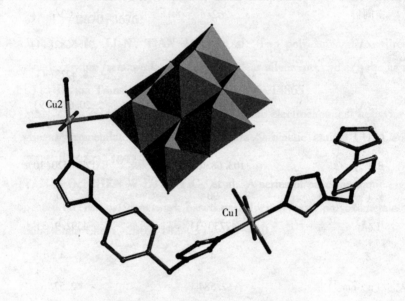

图 5-9 化合物 21 的单体图

Cu1 和 Cu2 都是六配位,但它们的配位环境完全不同。Cu1 与 4 个氧原子和 2 个氮原子配位,氧原子均来自于水分子,氮原子来自于 2 个相邻的配体。Cu2 与 4 个氧原子和 2 个氮原子配位,其中,2 个氧原子来自于 2 个配位水分子,2 个氧原子来自于 2 个 $[Mo_8O_{26}]^{4-}$ 阴离子,2 个氮原子来自于 2 个不同的配位体。Cu—O 键的键长在 2.000(11) ~ 2.400(9) Å 范围内,Cu—N 键的键长在 1.984(11) ~ 2.085(12) Å 范围内,N—Cu—N 键的键角在 178.5(6) ~ 180.0(14)°范围内,N—Cu—O 键的键角在 85.3(5) ~ 94.7(5)°范围内。这个范围在正常的六配位的 Cu 的体系中。

化合物 21 的结构特征是其 3D 框架中共存有内消旋螺旋链和左/右螺旋链。如图 5-10 所示,在化合物 21 的晶体结构中,两个晶体学独立的配体(itmb1 和 itmb2)作为二齿配体通过桥接 Cu^{II} 离子而彼此连接,以一个-Cu1-

itmb1-Cu2-itmb2-的方式生成一个从 a 轴来看是一个特殊的 1D 内消旋螺旋链。

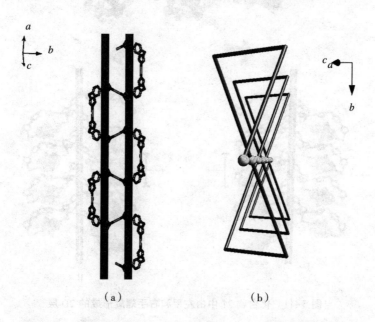

（a）　　　　　　　　（b）

图 5-10　（a）化合物 21 中的内消旋螺旋；（b）内消旋螺旋示意图

　　这样的内消旋螺旋结构很少被报道，尤其在 POM 体系中。此外，内消旋螺旋链由二连接的 β-Mo$_8$ 簇经由 Cu—O 键连接形成了 2D 层。之后，从 b 轴看 2D 层，可以很明显地看到那里存在由 β-Mo$_8$ 簇、铜原子和配体 itmb 组成具有相同螺距 8.985 Å 的左/右手螺旋链（图 5-11）。

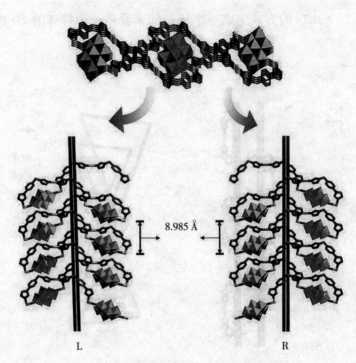

图 5-11 化合物 21 中由左手和右手螺旋形成的 2D 层

最后,相邻的层通过共用消旋螺旋链形成一个 3D 复杂结构, 如图 5-12 (a)所示。据我们所知,共存有两个消旋螺旋链和左/右手螺旋链的化合物仅报道过一次。因此,化合物 21 的结构为合成这种螺旋结构提供了一个新的范例。拓扑分析表明,每个 itmb 分子扮演双齿配体角色,利用 2 个端氮原子连接 2 个铜离子,Cu1 原子作为二连接节点(连接 2 个 itmb 分子),Cu2 作为四连接节点(连接 2 个 itmb 分子和 2 个阴离子),β-Mo$_8$ 阴离子作为二连接节点(连接 2 个 Cu2),则这个 3D 框架具有 $12^4 \cdot 16^2$ 的拓扑网络结构,如图 5-12(b)所示。

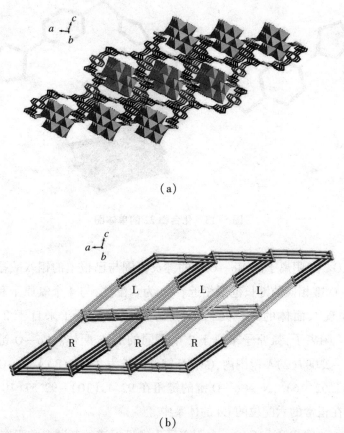

(a)

(b)

图 5-12　(a)化合物 21 的 3D 框架;(b)3D 框架示意图

(2)化合物 22 的单晶结构

单晶 X 射线衍射数据表明化合物 22 属于单斜晶系 $C2/c$ 空间群。如图 5-13 所示,化合物 22 单体是由 1 个[Mo_8O_{26}]$^{4-}$阴离子、1 个晶体学独立的钴原子、2 个 itmb 分子和 2 个水分子所构成的。因为化合物 22 从水溶液中析出,为了平衡电荷,将 2 个质子加到多酸阴离子上,这与文献报道过的[$Cu(bimb)$]$_2$($HPW_{12}O_{40}$)·$3H_2O$ 是相似的。

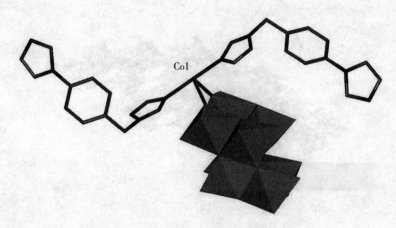

图 5-13　化合物 22 的单体图

$[Mo_8O_{26}]^{4-}$ 阴离子的 Mo—O 键的键长范围与已报道的钼八酸盐晶体结构中的 Mo—O 键相应的键长范围相近。Co 为六配位,与 4 个氧原子和 2 个氮原子配位,呈现八面体的配位几何。与 Co 配位的氧原子来自于 2 个不同的 $[Mo_8O_{26}]^{4-}$ 阴离子,氮原子来自于 2 个不同的 itmb 配体。Co—O 键的键长在 2.056(2)~2.097(2) Å 范围内,Co—N 键的键长为 2.090(3) Å,N—Co—N 键的键角为 172.92(16)°,N—Co—O 键的键角在 92.43(10)~92.57(10)°范围内。这个范围在正常的六配位的 Co 的体系中。

如图 5-14 所示,$[Mo_8O_{26}]^{4-}$ 阴离子为未见报道的新颖多酸阴离子,其通过共用端氧 O11 形成 1D 链。

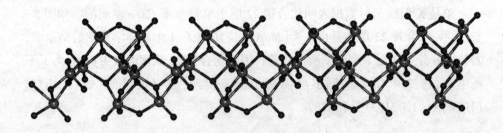

图 5-14　化合物 22 的无机物链

如图 5-15 所示,钴原子连接两个配体分子,形成一个金属配合物。同时,此钴金属配合物连接两个相邻的多酸一维链,沿 b 轴看形成二维层结构。

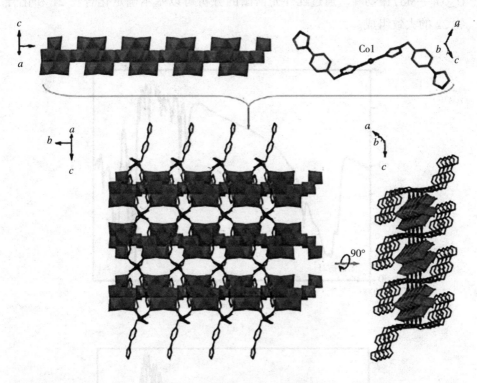

图 5-15　化合物 22 的结构示意图

5.3.2　金属/itmb 修饰的同多酸的表征

5.3.2.1　红外光谱

化合物 21 和化合物 22 的红外光谱如图 5-16 所示。在 $700 \sim 1100\ cm^{-1}$ 范围内的强谱带归属于同多酸钼八阴离子 $[Mo_8O_{26}]^{4-}$ 的特征吸收峰,$1100 \sim 1700\ cm^{-1}$ 范围内的谱带归属于配体 itmb。其中,化合物 21 的 $954\ cm^{-1}$ 及化合物 22 的 $951\ cm^{-1}$ 处的强峰归属于钼八阴离子 $[Mo_8O_{26}]^{4-}$ 中 $v(Mo—O_t)$ 振动

峰,化合物 21 的 898 cm^{-1}、855 cm^{-1} 和 708 cm^{-1} 及化合物 22 的 897 cm^{-1}、681 cm^{-1} 和 735 cm^{-1} 处的特征峰可归属于钼八阴离子 $[Mo_8O_{26}]^{4-}$ 中 ν_{as}(Mo—O_c/O_b—Mo)振动峰。通过红外光谱图的分析可以基本确定化合物 21 和化合物 22 的大致组成。

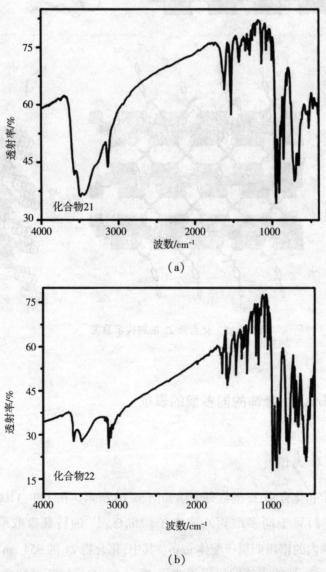

(a)

(b)

图 5-16 化合物 21 和化合物 22 的红外光谱

5.3.2.2 粉末 X 射线衍射

化合物 21 和化合物 22 的实验 PXRD 和拟合 PXRD 如图 5-17 所示。可以看出，实验 PXRD 与拟合 PXRD 基本吻合，表明了化合物的相纯度。

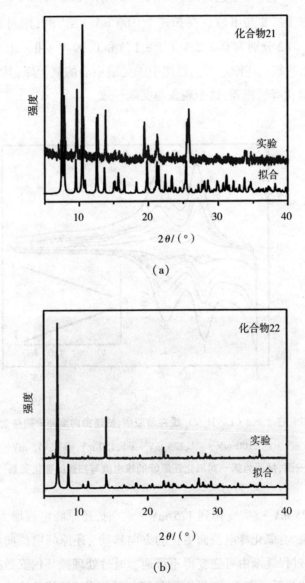

图 5-17 (a)化合物 21 和(b)化合物 22 的实验 PXRD 和拟合 PXRD

5.3.3   金属/itmb 修饰的同多酸的电化学性质研究

以化合物 21 为例探讨其电化学性质。化合物 21 的循环伏安(CV)实验是在 1 mol·L^{-1} H_2SO_4 溶液中进行的,如图 5-18 所示,以 0~1.0 V 出现了两对氧化还原峰(I 与 I′, II 与 II′)。在扫速为 100 mV·s^{-1} 时,两对峰半波电位 $E_{1/2} = (E_{ap} + E_{cp})/2$ 分别为 0.232 V (I - I′)和 0.39 V (II - II′),可归属于 Mo_8 阴离子中钼的氧化还原过程。在图中未见铜中心的氧化峰,其峰信号可能很弱而被钼的氧化峰所掩盖,这个现象与文献一致。

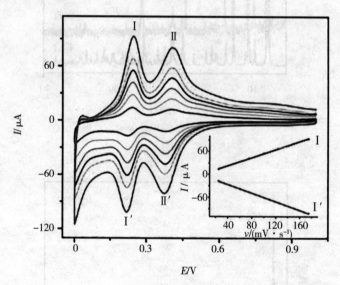

图 5-18   21-CPE 在 1 mol·L^{-1} H_2SO_4 缓冲溶液中,扫速由内至外分别是 25 mV·s^{-1}、50 mV·s^{-1}、75 mV·s^{-1}、100 mV·s^{-1}、125 mV·s^{-1}、150 mV·s^{-1}、175 mV·s^{-1} 的循环伏安图,插图为第一对氧化还原峰的峰电流与扫速的变化关系

当扫速由 25 mV·s^{-1} 变化到 175 mV·s^{-1} 时,还原峰电流增大,相应氧化峰电流也同样增大:氧化峰电位向更正的方向移动 ,还原峰电位向更负的方向移动,氧化还原过程逐渐由可逆变得不可逆。通过处理循环伏安数据可以探讨峰电流与扫速的关系。图 5-18 插图即是第一对氧化还原峰的峰电流与扫速的

变化关系。峰电流和扫速的线性方程分别为：氧化峰 $I_{a1} = 0.525 + 1.951$，$R_{a12} = 0.9981$；还原峰 $I_{c1} = -0.559 - 4.133$，$R_{c12} = 0.9993$。结果表明，在以上电势范围内电极的电化学氧化还原是表面控制的电化学过程。

笔者对 21-CPE 的电催化性质做了以下研究，图 5-19 至图 5-21 是 21-CPE 在扫速为 100 mV·s^{-1} 下分别对 NO_2^-、IO_3^- 和 H_2O_2 的催化还原曲线及峰值电流与催化底物浓度的关系。由实验数据可以看出，21-CPE 中钼的还原物种对 NO_2^- 和 IO_3^- 均有催化作用，即随着底物的加入，氧化峰逐渐减弱，还原峰逐渐增强。图 5-19(b) 是峰值电流响应与 NO_2^- 浓度的线性关系，氧化峰 $I_{a1} = -14.36×c + 63.56$，$R^2 = 0.9960$；还原峰 $I_{c1} = -18.75×c - 59.61$，$R^2 = 0.9968$，其中 I_{a1}、I_{c1} 是催化电流，c 是 NO_2^- 的浓度。图 5-20(b) 是峰值电流响应与 IO_3^- 浓度的线性关系，氧化峰 $I_{a1} = -15.4×c + 56.73$，$R^2 = 0.9921$；还原峰 $I_{c1} = -39.11×c - 93.04$，$R^2 = 0.9582$，其中 I_{a1}、I_{c1} 是催化电流，c 是 IO_3^- 的浓度。由图 5-21 可以看出，21-CPE 对 H_2O_2 几乎没有催化作用。

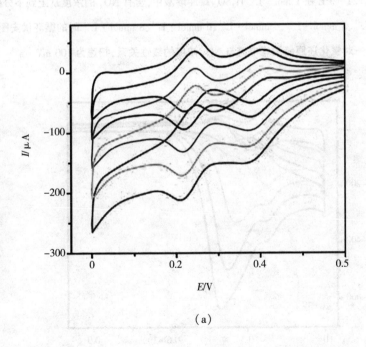

(a)

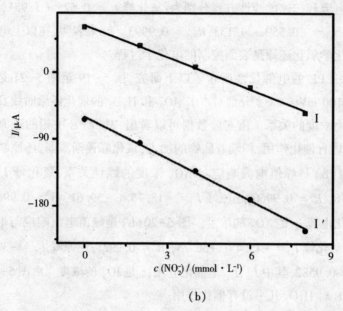

(b)

图 5-19　(a) 21-CPE 在 1 mol・L^{-1} H$_2$SO$_4$ 缓冲溶液中,含有 NO$_2^-$ 的浓度从上到下分别为

0 mmol・L^{-1}、2 mmol・L^{-1}、4 mmol・L^{-1}、6 mmol・L^{-1}、8 mmol・L^{-1} 时的循环伏安图;

(b) 第一对氧化还原峰的峰电流与 NO$_2^-$ 浓度的线性关系,扫速为 100 mV・s^{-1}

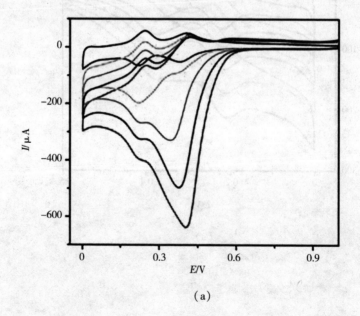

(a)

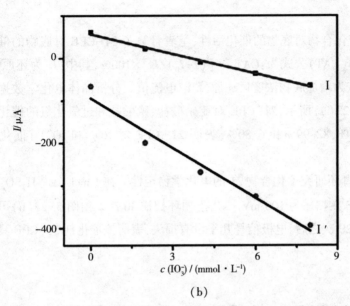

图 5-20　（a）21-CPE 在含有不同浓度 IO$_3^-$ 的 1 mol · L^{-1} H$_2$SO$_4$ 缓冲溶液中的循环伏安图，
IO$_3^-$ 的浓度从上到下分别为 0 mmol · L^{-1}、2 mmol · L^{-1}、4 mmol · L^{-1}、6 mmol · L^{-1}、8 mmol · L^{-1}；
（b）峰值电流与 IO$_3^-$ 浓度的线性关系，扫速为 100 mV · s^{-1}

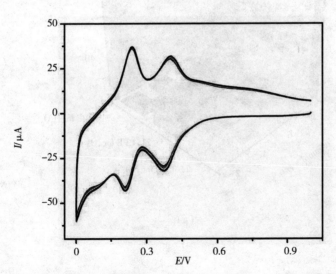

图 5-21　21-CPE 在含有不同浓度 H$_2$O$_2$ 的 1 mmol · L^{-1} H$_2$SO$_4$ 缓冲溶液中的循环伏安图，
H$_2$O$_2$ 的浓度由上到下分别为：0 mmol · L^{-1}、2.0 mmol · L^{-1}、4.0 mmol · L^{-1}、6.0 mmol · L^{-1}、
8.0 mmol · L^{-1}，扫速为 100 mV · s^{-1}

　　为了比较化合物对底物的催化活性,笔者计算了 21-CPE 对底物的催化效率。催化效率(CAT)公式为:$CAT = [(I-I_0)/I_0] \times 100\%$,其中,$I_0$ 为还原峰 I′ 起始电流值,I 为增加底物浓度后还原峰 I′电流值。分析晶体电化学数据可以看出,如图 5-22(a)所示,21-CPE 对亚硝酸盐、碘酸盐和过氧化氢的催化效率分别为 70.36%、82.99% 和 6.80%,表明 21-CPE 对 NO_2^- 和 IO_3^- 有催化还原作用。

　　此外,笔者还研究了化合物 21 的电化学稳定性。在 $1 \text{ mol} \cdot L^{-1} H_2SO_4$ 溶液中,将 21-CPE 在扫速为 $100 \text{ mV} \cdot s^{-1}$ 下循环扫描 40 次。由图 5-22(b)可以看出,循环扫描 20 次之后,电极信号几乎没有损失,表明该催化剂 21-CPE 具有高稳定性。

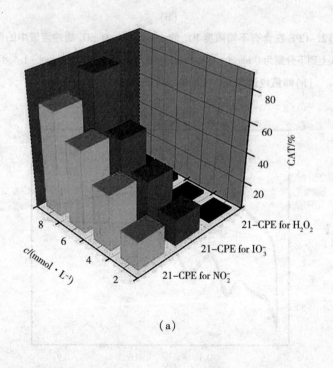

(a)

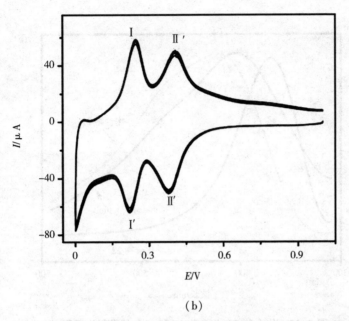

（b）

图 5-22　（a）对亚硝酸盐、碘酸盐和过氧化氢的还原反应的催化效率图；

（b）21-CPE 在 1 mol · L⁻¹ H₂SO₄ 缓冲溶液中扫描 40 次的循环伏安图

5.3.4　金属/itmb 修饰的同多酸的荧光性质研究

笔者在室温下研究了化合物 21、化合物 22 和配体 itmb 固体状态的发光特性。如图 5-23 所示，当激发波长为 300 nm 时，配位体 itmb 的最大发射波长为 410 nm，化合物 21 和化合物 22 的最大发射波长分别为 424 nm 和 370 nm。众所周知，Cu^{II} 配合物不包含 d10 金属中心，但是仍有一系列 Cu^{II} 配合物的荧光性质被报道。密度泛函理论计算表明，Cu^{II} 配合物的荧光性能可能归因于两个方面：配体与金属的电荷转移（LMCT）和配体与配体的电荷转移（LLCT）。相对于游离配体 itmb，化合物 21 的发射光谱显示红移，这可能是由于配体对金属的电荷转移作用。化合物 22 中的金属是钴，化合物有荧光特性，这可能是由于配体对配体的电荷转移作用。化合物 21 和化合物 22 不溶于常见溶剂和非极性溶剂，因此它们可能是潜在的固态发光材料。

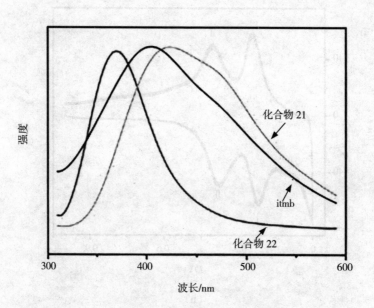

图 5-23 化合物 21、化合物 22 和 itmb 的发射光谱图

5.4 本章小结

(1)利用水热合成技术,通过选择不同的金属、咪唑类配体与原始反应物,制备了 4 个文献未报道过的过渡金属(铜,钴)/咪唑类配体修饰的同多酸基无机有机晶态化合物。

(2)通过 X 射线单晶衍射对化合物的结构进行了解析,其中化合物 20 显示了多酸的官能化,化合物 21 为同时含有内消旋螺旋链和左/右手螺旋链结构的化合物,化合物 22 中有新颖的同多钼八链。

(3)在 1 mol·L^{-1} H$_2$SO$_4$ 溶液中 20-CPE 对 NO$_2^-$、IO$_3^-$ 和 H$_2$O$_2$ 的还原有良好的催化作用,21-CPE 对于 NO$_2^-$ 和 IO$_3^-$ 的还原有较好的催化作用,在传感器领域具有潜在的应用。此外,化合物 21 和化合物 22 具有特征发射峰,可以作为潜在的固态发光材料。

第 6 章　金属/咪唑类配体修饰的钼硫簇

6.1　引言

多金属氧酸盐因在催化、电化学、光学等领域具有广泛的潜在价值而备受关注。但是目前人们对多酸的研究主要集中于 Keggin、Anderson、Dawson 等几种经典的多阴离子类型,有关 Waugh 型多阴离子$[M^{IV}Mo_9O_{32}]^{6-}$(M = Mn, Ni)的研究仅局限在其合成、氧化还原性及少数几个催化反应方面。基于 Waugh 型多阴离子的新型化合物的报道相对不多。Waugh 型多酸阴离子$[MnMo_9O_{32}]^{6-}$是多金属氧酸盐 6 种基本结构之一,它于 1907 年由 Hall 等人首次合成,1954 年被 Waugh 等人确定结构,其 6 个配位活性中心可全部或部分与过渡金属离子发生配位反应,从而得到结构多样的化合物,因此基于 Waugh 型多阴离子的无机有机杂化化合物还有很大的研究空间。同时通过水热反应,无机或有机组分经过自组装过程也可能得到意想不到的结构。

与其他具有多种不同配位模式的过渡金属不同,Co^{2+} 通常采取八面体的配位几何。作为刚性桥连配体的配体分子 bimb(bimb = 1,3-bis(1-imidazoly) benzene) 通常表现出 μ_2 的双配位模式(图 6-1),这可以减少金属离子和有机配体的配位几何形状的影响。而且,据我们所知,由 bimb 配体构建的含有钼的多酸基晶态化合物还未曾被报道到。

基于以上考虑,本章以 Waugh 型多金属氧酸盐为原始反应物,合成了两个杂化化合物,分子式分别是:

$$[bimb]_2[H_{18}Mo_5^{II}Mo_{12}^{V}O_{68}S_8] \tag{23}$$

$$[Co(bimb)_2]_2[SMo_8V_8O_{44}][OH]_2 \tag{24}$$

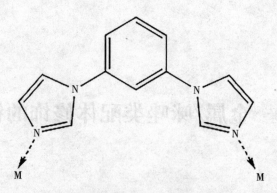

图 6-1　配体 bimb 的 μ_2 配位模式

6.2　金属/**bimb** 修饰的钼硫簇

6.2.1　金属/**bimb** 修饰的钼硫簇的结构

6.2.1.1　X 射线晶体学测定

化合物 23 和化合物 24 的晶体数据和结构精修数据见表 6-1。

表 6-1　化合物 23 和化合物 24 的晶体数据和结构精修数据

化合物	23	24
化学式	$C_{24}H_{38}N_8S_8Mo_{17}O_{68}$	$C_{48}H_{42}N_{16}Co_2SV_8Mo_8O_{46}$
相对分子质量	3414.04	2903.92
晶系	Triclinic	Orthorhombic
空间群	$P-1$	$Cmcm$
$a/\text{Å}$	11.9250(5)	22.1654(16)

续表

化合物	23	24
$b/\text{Å}$	13.2930(5)	21.0940(13)
$c/\text{Å}$	13.5570(5)	20.8281(14)
$\alpha/(°)$	79.961(5)	90.000
$\beta/(°)$	78.899(5)	90.000
$\gamma/(°)$	89.840(5)	90.000
$V/\text{Å}^3$	2075.5(14)	9738.3(11)
Z	1	2
$D_{\text{calcd}}/(\text{g}\cdot\text{cm}^{-3})$	2.717	1.976
μ/mm^{-1}	2.790	2.298
Goodness-of-fit on F^2	1.061	1.054
$^a R_1[I>2\sigma(I)]$	0.0417	0.0483
$wR_2[I>2\sigma(I)]$	0.1300	0.2008
$R_1(\text{all data})$	0.0436	0.0682
$^b wR_2(\text{all data})$	0.1313	0.2208

6.2.1.2　化合物的晶体结构

(1)化合物 23 的单晶结构

化合物 23 的单晶 X 射线衍射数据表明其属于三斜晶系 P-1 空间群,单体是由 2 个配体 bimb 分子和无机多酸阴离子离子 $[\text{Mo}_5^{\text{II}}\text{Mo}_{12}^{\text{V}}\text{O}_{68}\text{S}_8]^{18-}$(简称 Mo_{17}S_8)组成。为了平衡电荷,为多酸阴离子加 18 个 H^+(图 6-2)。Mo_{17}S_8 是一种新类型的钼硫簇无机建筑块,由 17 个 MoO_6 八面体和 8 个 SO_4 四面体组成。经过价键计算,化合物 23 结构中的 Mo 原子均为+5 价。无机阴离子链与配体

分子 bimb 没有共价连接。

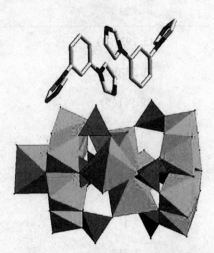

图 6-2　化合物 23 的分子结构图

$Mo_{17}S_8$ 可以看作结构中含有 2 个 Mo_6S_4 簇(图 6-3)、1 个 Mo_4 核(图 6-4)、还有一个钼帽,形成过程如图 6-5 所示。首先,在 Mo_6S_4 簇中,6 个 Mo 原子(Mo2、Mo3、Mo4、Mo5、Mo6 和 Mo7)处在和中心的 S1 原子共用三桥氧为顶点的扭曲八面体中,且 6 个八面体共边相连,处在一个平面,Mo—O 键的键长范围为 1.673(6)~2.327(5)Å,6 个钼原子可分成三组,同时每组的 2 个钼原子间存在较弱的金属键,Mo—Mo 键的键长在 2.6023(14)~2.6206(12)Å 范围,与已公开报道的数据相符合。

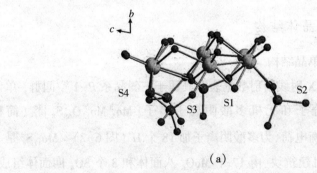

(a)

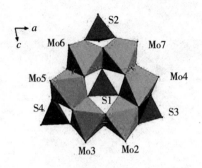

（b）

图 6-3　Mo_6S_4 簇结构图

（a）球棍图；（b）多面体图

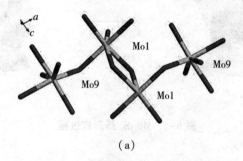

（a）

（b）

图 6-4　Mo_4 核结构图

（a）球棍图；（b）多面体图

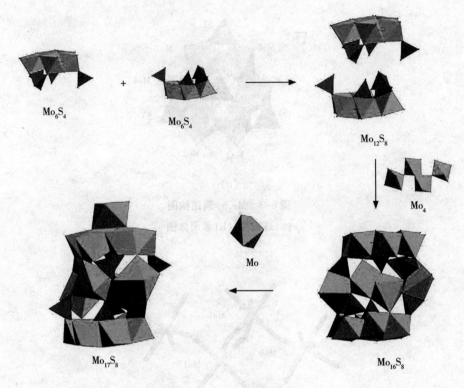

图 6-5　Mo₁₇S₈ 簇形成过程

S 原子均为四配位的扭曲四面体构型,其余 3 个 S 原子($S2$、$S3$ 和 $S4$)分别提供 2 个二桥氧与非键的 2 个 Mo 原子相连。$S—O$ 键的键长范围为 $1.502(5) \sim 1.572(6)$ Å,与文献报道的相一致。

其次,2 个以扭曲八面体方式配位的钼原子经过对称得到了 Mo_4 核,其中,2 个 $Mo1$ 之间通过 2 个二桥氧相连。再次,Mo_4 核位于 2 个 Mo_6S_4 簇中间,通过 Mo_6S_4 簇中 $S1$ 原子提供 1 个二桥氧,其余 S 原子各提供 1 个桥氧的方式分别与 Mo_4 中的 4 个钼原子相连,所形成的 $Mo_{16}S_8$ 簇形成了类似汉堡包的夹心结构。最后,如图 6-6 所示,相邻的 $Mo_{16}S_8$ 簇通过 1 个位于端位的 Mo_8 原子相连,形成的了无限延伸的无机钼硫簇链。

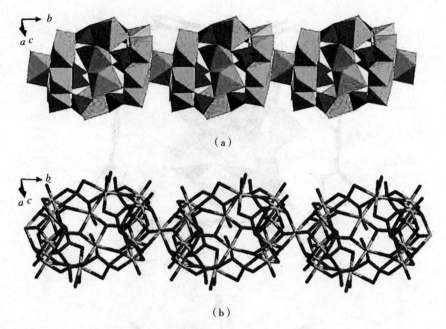

(a)

(b)

图 6-6　化合物 23 1D 链状结构图

(a)多面体图;(b)球棍图

(2)化合物 24 的单晶结构

单晶 X 射线衍射数据表明化合物 24 属于正交晶系 $Cmcm$ 空间群。如图 6-7(a)所示,单体是由 2 个配合物 $[Co(bimb)_2]^{2+}$ 和 1 个 $[SMo_8V_8O_{44}]^{2-}$(简称 SMo_8V_8)阴离子所构成的。为了平衡电荷,向分子式中加入 2 个 $[OH]^-$。如图 6-7(b)所示,化合物中的 SMo_8V_8 阴离子为四帽假 Keggin 型阴离子结构,其中 S 为中心杂原子。阴离子与化合物 $[Ni(tea)_2]_3[PMo_5^{VI}Mo_3^{V}V_8^{IV}O_{44}]\cdot tea\cdot H_2O$ 和 $[Co(tea)_2]Na[PMo_6^{VI}Mo_2^{V}V_8^{IV}O_{44}]\cdot 8H_2O$(tea = triethylenediamine)相类似。此结构是在 α-Keggin 型多阴离子的基础上,外加 4 个五配位的端基 $[VO]^{2+}$ 单元所形成的,中心杂原子 S^{6+} 作为客体存在于 $Mo_8V_8O_{40}$ 主体笼中。

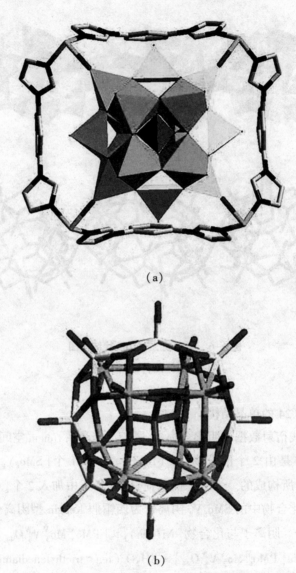

(a)

(b)

图 6-7　(a)化合物 24 的分子结构图；(b)阴离子 SMo_8V_8

在 $Mo_8V_8O_{40}$ 主体笼中，1 个钒原子和 2 个钼原子构成一组三金属簇；4 个 MoO_6 八面体以共边和共角方式形成一个 Mo_4O_{18} 环。因此，在整个 SMo_8V_8 簇中，8 个四方锥形的 VO_5 以共边方式键连而形成了一个"中间带"，在"中间带"的上下两侧以共边和共角的方式分别与 2 个 $\{Mo_4O_{18}\}$ 环相连。S—O 键的键长范围在 1.459(7)~1.470(7)Å,与文献报道的相一致。所有钒原子都采取扭曲的 VO_5 四方锥型配位几何,V—O 键的键长范围在 1.600(7)~2.002(5)Å。所有钼原子都采取扭曲的 $\{MoO_6\}$ 八面体的配位几何,Mo—O 键的键长范围在 1.672(7)~1.888(3)Å。钒与钼原子间存在较弱的金属键,V—Mo 键的键长为 3.0234(12)~3.0411(13)Å。钒与钼原子间也存在较弱的金属键,V—V 键的键长为 2.9527(13)~2.9576(13)Å。

每个 Co 与来自 4 个配体 itmb 的 4 个氮原子和来自 2 个不同 SMo_8V_8 簇的 2 个氧原子配位,采取扭曲的八面体的配位模式。Co—O 键的键长范围在 1.98(4)~2.13(4)Å,Co—N 键的键长范围在 2.18(4)~2.24(4)Å,O—Co—N 键的键角在 85.3(13)~90.5(18)°范围内。

如图 6-8 所示,在不考虑多酸的情况下,钴原子与 bimb 配体形成 2D 层结构。层结构中包含两类不同尺寸的四核钴四方格。A 格尺寸大,平行四边形边长大约为 13.35 Å 和 11.15 Å。B 格尺寸小,平行四边形边长大约为 12.28 Å 和 10.23 Å,A、B 格交替排列形成了 $[Co(bimb)_2]^{2+}$ 金属有机骨架 2D 层。

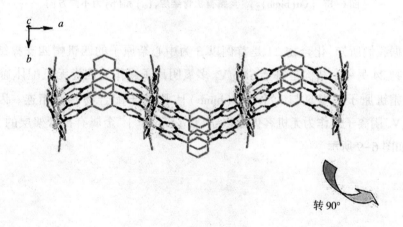

转 90°

(a)

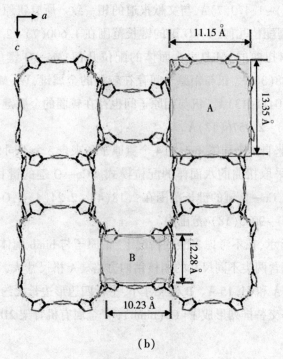

(b)

图6-8 ［Co(bimb)₂］²⁺金属有机骨架层,(a)和(b)为不同方向

　　据我们所知,化合物24是首例以S为中心杂原子的四钒帽四支撑结构。化合物24另一个结构是每个SMo₈V₈多氧阴离子簇作为四齿无机配体通过4个扣帽钒原子的端氧与4个［Co(bimb)］²⁺阳离子配合物共价相连。因此,SMo₈V₈阴离子簇作为无机客体镶嵌于［Co(bimb)₂］²⁺金属有机骨架层的A格中,如图6-9所示。

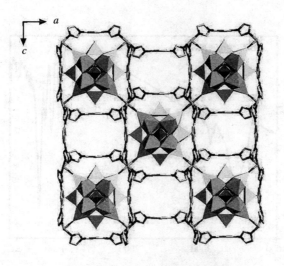

图 6-9　化合物 24 的 2D 层结构

6.2.2　金属/bimb 修饰的钼硫簇的表征

6.2.2.1　红外光谱

化合物 23 和化合物 24 的红外光谱如图 6-10 所示。600~1100 cm^{-1} 范围内的强谱带归属于多酸的特征吸收峰。其中,化合物 23 的 960 cm^{-1} 及化合物 24 的 962 cm^{-1} 处的吸收峰归属于 $v($Mo—O$_t)$ 振动峰,化合物 23 的 876 cm^{-1}、797 cm^{-1}、700 cm^{-1} 及化合物 24 的 799 cm^{-1}、681 cm^{-1} 和 706 cm^{-1} 处的特征峰可归属于 $v_{as}($Mo—O$_c$/O$_b$—Mo$)$ 振动峰。化合物 23 的 1053 cm^{-1} 及化合物 24 的 1052 cm^{-1} 处的吸收峰可以归属为 $v($S—O$)$ 振动峰。在 1100~1700 cm^{-1} 范围内的谱带归属于配体 bimb 的振动。通过红外光谱图可基本确定化合物 23 和化合物 24 的大致组成。

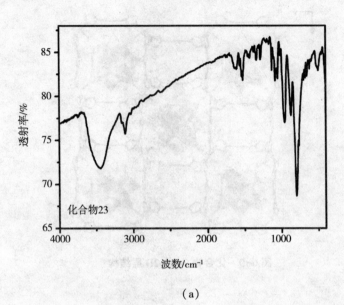

（a）

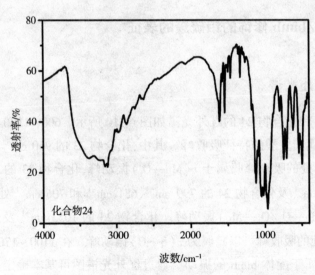

（b）

图 6-10　化合物 23 和化合物 24 的红外光谱

6.2.2.2　价键计算

为了证实化合物 23 和化合物 24 中金属的价态,笔者做了价键计算。表 6-2 为化合物 23 和化合物 24 对于钒原子和钼原子的价键计算,从数据可以看出化合物 23 中 Mo2、Mo3、Mo4、Mo5、Mo6、Mo7 为 Mo^{5+},Mo1、Mo8 和 Mo9 为 Mo^{2+}。化合物 24 中所有钼原子均为 Mo^{6+},所有钒原子均为 V^{4+}。

表 6-2　化合物 23 和化合物 24 对于钼原子和钒原子的价键计算

化合物 23		化合物 24	
金属	价键	金属	价键
Mo1	2.00	V1	4.33
Mo2	5.22	V2	3.64
Mo3	5.17	V3	4.17
Mo4	5.19	Mo1	5.75
Mo5	5.28	Mo2	5.76
Mo6	5.20		
Mo7	5.20		
Mo8	2.19		
Mo9	1.87		

6.2.2.3　粉末 X 射线衍射

图 6-11 为化合物 23 和化合物 24 实验 PXRD 和拟合 PXRD,可以看出,实验 PXRD 的峰位与拟合 PXRD 的峰位基本吻合,表明了两个化合物的相纯度。峰强度的不同可能是晶体取向不同所致。

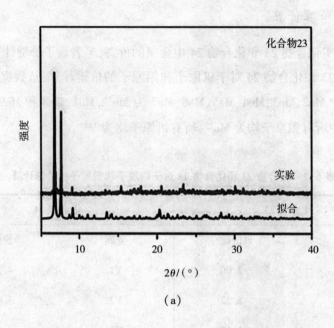

（a）

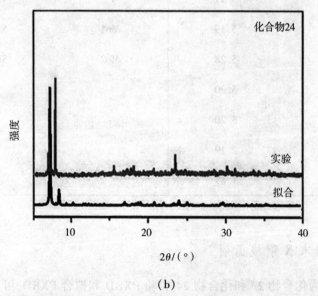

（b）

图 6-11 （a）化合物 23 和（b）化合物 24 的实验 PXRD 和拟合 PXRD

6.2.3　金属/bimb 修饰的钼硫簇的电化学性质研究

以化合物 24 为例探讨其电化学性质。化合物 24 的循环伏安(CV)实验是在 $1\ mol \cdot L^{-1}\ H_2SO_4$ 溶液中进行的,如图 6-12(a)所示,在 $-0.1 \sim 0.8\ V$ 范围内出现了四对氧化还原峰 (Ⅰ 与 Ⅰ′、Ⅱ 与 Ⅱ′、Ⅲ 与 Ⅲ′和Ⅳ 与 Ⅳ′)。当扫速为 $100\ mV \cdot s^{-1}$ 时,四对峰的半波电位 $E_{1/2} = (E_{ap} + E_{cp})/2$ 分别为 0.022 V (Ⅰ - Ⅰ′)、0.231 mV (Ⅱ - Ⅱ′)、0.354 mV (Ⅲ - Ⅲ′)和 0.554 mV (Ⅳ - Ⅳ′)。Ⅰ 与 Ⅰ′,Ⅱ 与 Ⅱ′,Ⅲ 与 Ⅲ′的峰可归属于阴离子中钼的氧化还原过程,Ⅳ 与 Ⅳ′的峰可归属于钒的氧化还原过程。钴中心的氧化还原峰因与钼的氧化还原峰重叠而没有出现,这个现象与以往报道的文献相一致。当扫速由 $25\ mV \cdot s^{-1}$ 变化至 $200\ mV \cdot s^{-1}$ 时,还原峰电流增加,相应氧化峰电流也几乎同样增大,而峰电位基本不变。也就是说,当扫速由低向高变化时,还原峰和相应氧化峰的峰位差基本不变。图 6-12(b)为第二对氧化还原峰的峰电流与扫速的变化关系。峰电流和扫速的线性方程分别为:氧化峰 $I_{a2} = 2.93 + 32.684$,$R_{a2}^2 = 0.9986$;还原峰 $I_{c2} = -2.760 - 29.53$,$R_{c2}^2 = 0.9987$。结果表明,在以上的电势范围内电极的电化学氧化还原是表面控制的电化学过程。

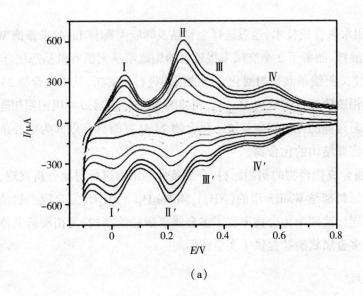

(a)

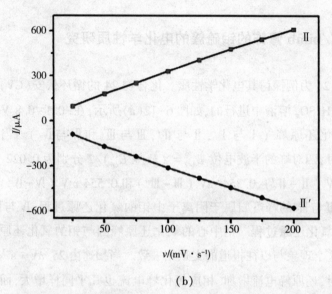

(b)

图 6-12　(a)24-CPE 在 1 mol·L^{-1} H$_2$SO$_4$ 缓冲溶液中,扫速由内至外分别为 25 mV·s^{-1}、50 mV·s^{-1}、75 mV·s^{-1}、100 mV·s^{-1}、125 mV·s^{-1}、150 mV·s^{-1}、175 mV·s^{-1}、200 mV·s^{-1} 的循环伏安图;(b)第二对氧化还原峰的峰电流与扫速的变化关系

6.3　本章小结

（1）利用水热合成技术,通过选择金属钴及咪唑类配体 bimb 来修饰 Waugh 型多金属氧酸盐,制备了 2 个文献未报道过的钼硫簇基无机有机晶态化合物。

（2）通过 X 射线单晶衍射对化合物的结构进行了解析,其中化合物 23 中存在一种新型钼硫簇无机建筑块 Mo$_{17}$S$_8$,相邻的 Mo$_{17}$S$_8$ 簇通过共用钼帽相连而形成了一个无限延伸的无机钼硫簇链。化合物 24 是首例具有以 S 为中心杂原子的四钒帽四支撑结构的化合物。

（3）对所合成化合物的初始原料、合成条件和结构进行对比分析发现,这两个化合物的原料都是 Waugh 型的（NH$_4$）$_6$MnMo$_9$O$_{32}$·8H$_2$O,但合成产物结构新颖且完全不同。这两个化合物丰富了多金属氧酸盐的结构,为拓展研究特殊结构及性质的多金属氧酸盐提供了实验依据。

结　论

利用水热合成技术,设计合成了四个系列 24 个文献未报道过的过渡金属/咪唑类配体修饰的多金属氧酸盐基无机有机杂化化合物,通过红外光谱、热重分析、X 射线单晶衍射技术、X 射线粉末衍射和光电子能谱对化合物的结构进行了表征。探讨了原始反应物、多酸种类和电荷等因素对化合物结构的影响,研究了部分化合物的荧光、电化学性质及光催化性质,拓宽了对现有无机有机杂化化合物的认知范围,为新型多金属氧酸盐功能材料的研制与开发积累了经验。

本书得到如下结论:

(1)通过分析 24 个化合物的合成过程,发现影响无机有机化合物结构的因素主要为:

①当反应体系中多酸阴离子的结构类型相同时,多酸阴离子电荷越多,多酸阴离子吸引电子能力越强,化合物的结构越复杂;

②当反应体系中多酸阴离子的结构类型不同时,多酸阴离子半径越小,空间位阻越小,化合物的维度越高;

③第二配体的存在会增加配体的配位点,丰富配位模式,导致化合物结构的复杂性和新颖性;

④过渡金属具有的配位模式越复杂,化合物的维度越高。

(2)在金属/咪唑类配体体系中,当以 Waugh 型多酸为原始反应物时,得到了 2 个含有钼硫簇的杂化化合物。其中 1 个化合物具有首例直线型无机建筑块钼硫簇 $Mo_{17}S_8$,1 个为首例具有以硫为中心杂原子的四钒帽四支撑结构的化合物。

(3)合成了首例具有四重叉指层结构的铜/咪唑类配体修饰的磷钼酸盐

$[Cu_4(bimb)_4][PMo_{12}O_{40}][OH]$。在银/咪唑类配体修饰的银磷钨酸盐 $\{[Ag_6(bim)_6(im)_2][P_2W_{18}O_{62}]\}\cdot 4H_2O$ 化合物中,发现了新颖的双配体银链。

(4)研究了部分化合物的电化学性质、光化学性质和荧光性质。1-CPE 在 $1\ mol\cdot L^{-1}H_2SO_4$ 缓冲溶液中对 $2\ mmol\cdot L^{-1}$ 亚硝酸盐的还原有良好的催化作用,催化效率可达 256.3%。20-CPE 在 $1\ mol\cdot L^{-1}\ H_2SO_4$ 缓冲溶液中对 $2\ mmol\cdot L^{-1}$ 碘酸钾的还原有良好的催化作用,催化效率可达 120.6%;20-CPE 对 $40\ mmol\cdot L^{-1}$ 过氧化氢的催化效率最高,达到 70.4%。10-CPE 不仅对碘酸钾的还原具有显著的电催化性能,同时对抗坏血酸的氧化具有催化活性,是罕见的双功能电催化材料。化合物 15 和化合物 16 对 RbB 均有很好的光催化降解性能,可作为绿色可重复利用的固体催化剂。同时,化合物 15、化合物 16、化合物 21 和化合物 22 具有荧光性能,是潜在的固态发光材料。

总之,本书中 24 个文献未报道过的无机有机化合物的合成为进一步深入研究以多酸阴离子为基本建构单元构筑无机有机杂化化合物提供了有价值的经验,笔者将依此合成思路,继续合成出更多结构新颖、功能丰富的晶体材料。对于新合成出的含有钼硫簇的杂化物等,后续还将对其结构及光催化降解有机染料和电催化还原碘酸钾等性质做进一步的研究,以充分挖掘此类化合物的潜在应用。

参考文献

[1] ARTERO V, PROUST A, HERSON P, et al. Synthesis and characterization of the first carbene derivative of a polyoxometalate. [J]. Journal of the American Chemical Society, 2003, 125(37):11156-11157.

[2] POPE M T, MÜLLER A. Polyoxometalate chemistry: an old field with new dimensions in several disciplines[J]. Angew Chem Int Ed Engl, 2010, 30(1): 34-48.

[3] BERZELIUS J J. The preparation of the phosphomolybdate ion $[PMo_{12}O_{40}]^{3-}$ [J]. Ann Phys-berlin, 1826, 82(4): 369-392.

[4] HU C W, HE Q L, WANG E B. Synthesis, stability and oxidative activity of polyoxometalates pillared anionic clays $ZnAl-SiW_{11}$ and $ZnAl-SiW_{11}Z$[J]. Catl Today, 1996, 30(1-3): 141-145.

[5] HARRTOP M, HILL C L. Triniobium polytungstophosphates, suntheses, structures, clarification of isomerism and reactivity in the presence of H_2O_2[J]. Inorg Chem, 1998, 37(21): 5550-5556.

[6] DU D Y, YAN L K, SU Z M, et al. Chiral polyoxometalate-based materials: from design syntheses to functional applications[J]. Coord Chem Rev, 2013, 257(3-4): 702-717.

[7] CARRIER X, CAILLERIE J B, LAMBERT J F. The stopport as a chemical reagent in the preparation of $WO_x/\gamma-Al_2O_3$ catalysts formation and deposition of aluminotungstic heteropolyanions[J]. J Am Chem Soc, 1999, 121(14): 3377-3378.

[8] CHEN X, XU Z, OKUHARA T. Liquid-phase esterification of acrylic acid with

1-butanol catalyzed by solid acid catalysts[J]. Appl Catal A, 1999, 180(1-2): 261-269.

[9]YIN Q S, TAN J M, BESSON C, et al. A fast soluble carbon-free molecular water oxidation catalyst based on abundant metals[J]. Science, 2010, 328 (5976): 342-345.

[10]CLEMENTE-JUAN J M, CORONADO E, GOMEZ-GARCIA C J. Increasing the nuclearity of magnetic polyoxometalates. syntheses, structure, and magnetic properties of salts of the heteropolycomplexes $[Ni_3(H_2O)(PW_{10}O_{39})H_2O]^{n-}$, $[Ni_4(H_2O)_2(PW_{10}O_{34})_2]^{10-}$, $[Ni_9(OH)_3(H_2O)_6(HPO_4)_2(PW_{10}O_{34})_2]^{16-}$[J]. Inorg Chem, 1999, 38(1), 55-63.

[11]KIKUKAWA Y, KURODA Y, YAMAGUCHI K, et al. Diamond-shaped $[Ag_4]^{4+}$ cluster encapsulated by silicotungstate ligands: synthesis and catalysis of hydrolytic oxidation of silanes[J]. Angew Chem Int Ed, 2012, 51(10): 2434-2437.

[12]LONG D L, STREB C, SONG Y F, et al. Unravelling the complexities of polyoxometalates in solution using mass spectrometry: protonation versus heteroatom inclusion[J]. J Am Chem Soc, 2008, 130(6): 1830-1832.

[13]FANG X K, KOGERLER P, SPELDRICH M, et al. A polyoxometalate-based single-molecule magnet with an S = 21/2 ground state[J]. Chem Commun, 2012, 48(9): 1218-1220.

[14]ZHANG Z M, LI Y G, YAO S, et al. Enantiomerically pure chiral {Fe_{28}} wheels[J]. Angew Chem Int Ed, 2009, 48(9): 1581-1584.

[15]PROUST A, MATT B, VILLANNEAU R, et al. Functionalization and post-functionalization: a step towards polyoxometalate-based materials[J]. Chem Soc Rev, 2012, 41(22): 7605-7622.

[16]BAI Y, ZHANG G Q, DANG D B, et al. Assembly of polyoxometalate-based inorganic-organic compounds from silver-Schiff base building blocks: synthesis, crystal structures and luminescent properties[J]. CrystEngComm, 2011, 13(12): 4181-4187.

[17]FENG X J, ZHOU W Z, LI Y G, et al. Polyoxometalate-stopported 3d-4f

heterometallic single – molecule magnets[J]. Inorg Chem, 2012, 51(5): 2722-2724.

[18]RITCHIE C, BASLON V, MOORE E G, et al. Sensitization of lanthanoid luminescence by organic and inorganic ligands in lanthanoid – organic – polyoxometalates[J]. Inorg Chem, 2012, 51(2): 1142-1151.

[19]WANG X L, GAO Q, TIAN A X, et al. Inserting $-(CH_2)_n-$ ($n = 2, 3, 4$) spacers into the reactant mercapto-methyltetrazole ligand for tuning the multinuclear Ag^I clusters in Keggin – based compounds[J]. Cryst Growth Des, 2012, 12(5): 2346-2354.

[20]LAN Q, ZHANG J, ZHANG Z M, et al. Two three-dimensional porous frameworks built from metal-organic coordination polymer sheets pillared by polyoxometalate clusters[J]. Dalton Trans, 2013, 42(47): 16602-16607.

[21]XU Y, ZHU D R, CAI H, et al. $[Mo_2^V Mo_6^{VI} V_8^{IV} O_{40}(PO_4)]^{5-}$: The first polyanion with a tetracapped Keggin structure[J]. Chem Commun, 1999, (9): 787-788.

[22]XU Y, ZHU D R, GUO Z J, et al. Cation-induced assembly of the first mixed molybdenum-vanadium hexadecametal host shell cluster anions[J]. J Chem Soc, Dalton Trans, 2001, (6): 772-773.

[23]YANG W B, LU C Z, ZHAN X P, et al. Hydrothermal synthesis of the first vanadomo-lybdenum polyoxocation with a "metal – bonded" spherical framework[J]. Inorg Chem, 2002, 41(18): 4621-4623.

[24]YUAN M, LI Y G, WANG E B, et al. Modified polyoxometalates: hydrothermal syntheses and crystal Structures of three novel reduced and capped Keggin derivatives decorated by transition metal complexes[J]. Inorg Chem, 2003, 42(11): 3670-3676.

[25]SONG J, LUO Z, BRITT D K, et al. A multiunit catalyst with synergistic stability and reactivity: a polyoxometalate-metal organic framework for aerobic decontamination[J]. J Am Chem Soc, 2011, 133(42): 16839-16846.

[26]HAN Z G, CHANG X Q, YAN J S, et al. An unusual metallic oxygen cluster consisting of a $\{AlMo_{12}O_{40}(MoO_2)\}$ [J]. Inorg Chem, 2014, 53(2):

670-672.

[27] ALIZADEH M H, HOLMAN K T, MIRZAEI M, et al. Triprolinium 12-phos-phomolybdate: synthesis, crystalstructureand properties of $[C_5H_{10}NO_2]_3$ $[PMo_{12}O_{40}] \cdot 4.5H_2O[J]$. Polyhedron, 2006, 25(7): 1567-1570.

[28] RUAN C Z, WEN R, LIANG M X, et al. Two triazole-based metal-organic frameworks constructed from nanosized Cu_{20} and Cu_{30} wheels[J]. Inorg Chem, 2012, 51(14): 7587-7591.

[29] QI M L, YU K, SU Z H, et al. Three new three-dimensional organic-inorganic hybrid compounds based on $PMo_{12}O_{40}{}^{n-}$ ($n = 3$ or 4) polyanions and Cu^{I}-pyrazine/Cu^{I}-pyrazine-Cl porous coordination polymers[J]. Dalton Trans, 2013, 42(21): 7586-7594.

[30] ZHANG L, YANG W B, KUANG X F, et al. pH-Dependent assembly of two polyoxometalate host-guest structural isomers based on Keggin polyoxoanion templates[J]. Dalton Trans, 2014, 43(43): 16328-16334.

[31] HAO X L, MA Y Y, WANG Y H, et al. New organic-inorganic hybrid assemblies based on metal-bis(betaine) coordination complexes and Keggin-type polyoxometalates[J]. Inorg Chem Commun, 2014, 41(3): 19-24.

[32] FAN L L, WANG E B, LI Y G, et al. Wells-Dawson anion, a useful building block to construct one-dimensional chain as a chelate ligand coordinating with transition metal cations[J]. J Mol Struct, 2007, 841(1-3): 28-33.

[33] ZHAO X Y, LIANG D D, LIU S X, et al. Two Dawson-templated three-dimensional metal-organic frameworks based on oxalate-bridged binuclear Cobalt (II)/Nickel(II) SBUs and bpy linkers[J]. Inorg Chem, 2008, 47(16): 7133-7138.

[34] XU Y, GAO Y, WEI W, et al. An unprecedented polyoxometalate-based hybrid solid constructed from a neutral metal-organic macrocycle and Dawson polyoxotungstate anions[J]. Dalton Trans, 2013, 42(15): 5228-5231.

[35] WANG J P, LI S Z, SHEN Y, et al. Novel tungstovanadate Wells-Dawson organic-inorganic heteropolyoxometalate compound: synthesis and crystal structure of $[Cu_2(2, 2'-bipy)_2(Inic)_2(H_2O)_2][Y(Inic)_2(H_2O)_5]H_3$

$[V_2W_{18}O_{62}] \cdot 5.5H_2O$ (where 2,2′-bipy = 2,2′-bipyridine, inic = γ-picolinic acid)[J]. Cryst Growth Des, 2008, 8(2): 372-374.

[36] ZHAO H Y, ZHAO J W, YANG B F, et al. A series of organic-inorganic hybrids based on lanthanide-substituted Dawson-type phosphotungstate dimers and copper-en linkers[J]. CrystEngComm, 2014, 16(11): 2230-2238.

[37] JIAO Y Q, QIN C, WANG X L, et al. Redox-controlled δ-Dawson $\{Mn_2^{III}W_{17}\}$ polyoxometalate with photocatalytic H_2 evolution activity[J]. Chem Commun, 2014, 50(45): 5961-5963.

[38] LYU J, SHEN E H, LI Y G, et al. A novel pillar-layered organic-inorganic hybrid based on lanthanide polymer and polyomolybdate clusters: new opportunity toward the design and synthesis of porous framework[J]. Cryst Growth Des, 2005, 5(1): 65-67.

[39] HOU G F, WANG X D, YU Y H, et al. A new topology constructed from an octamolybdate and metallomacrocycle coordination complex[J]. CrystEngComm, 2013, 15(2): 249-251.

[40] XU X, JU W W, HOU W T, et al. Two octamolybdate-based complexes: hydrothermal synthesis, structural characterization and properties[J]. CrystEngComm, 2014, 16(1): 82-88.

[41] WANG X L, HAN N, LIN H Y, et al. pH and amine-induced various octamolybdate-based metal-organic complexes: assembly, structures and properties[J]. Dalton Trans, 2014, 43(5): 2052-2060.

[42] KORTZ U, SAVELIEFF M G, ABOU F Y, et al. Heteropolymolybdates of As^{III}, Sb^{III}, Bi^{III}, Se^{IV}, and Te^{IV} functionalized by amino acids[J]. Angew Chem Int Ed, 2002, 41(21): 4070-4073.

[43] ATENCIO R, BRICEÑO A, SILVA P, et al. Sequential transformations in assemblies based on octamolybdate clusters and 1,2-bis(4-pyridyl)ethane[J]. New J Chem, 2007, 31(1): 33-38.

[44] 高广刚. 氮杂环及含羧基类配体官能化多钼酸盐的合成及性质研究[D]. 长春:东北师范大学,2008.

[45] JURAJA S, VU T, RICHARDT P J S, et al. Electrochemical, spectroscopic,

structural, and magnetic characterization of the reduced and protonated $\alpha-$ Dawson anions in $[Fe(\eta^5-C_5Me_5)_2]_5[HS_2Mo_{18}O_{62}] \cdot 3HCONMe_2 \cdot 2Et_2O$ and $[NBu_4]_5[HS_2Mo_{18}O_{62}] \cdot 2H_2O[J]$. Inorg Chem, 2002, 41(5): 1072-1078.

[46] ZANG H Y, MIRAS H N, LONG D L, et al. Template-directed assembly of polyoxothiometalate scaffolds into nanomolecular architectures [J]. Angew Chem Int Ed, 2013, 52(27): 6903-6906.

[47] XUE G L, LIU X M, XU H S, et al. An unusual asymmetric polyoxomolybdate containing mixed-valence antimony and its derivatives: $[Sb_4^VSb_2^{III}Mo_{18}O_{73}(H_2O)_2]^{12-}$ and $\{M(HO)_2[Sb_4^VSb_2^{III}Mo_{18}O_{73}(H_2O)_2]_2\}^{22-}$ ($M = Mn^{II}$, Fe^{II}, Cu^{II} or Co^{II}) [J]. Inorg Chem, 2008, 47(19): 2011-2016

[48] 于超杰. 一个新的多金属氧酸盐 $[Sb_5(OH)_{10}Mo_5O_{26}]^{7-}$ 从外消旋体到手性化合物 [D]. 长春:东北师范大学,2009.

[49] DE LA OLIVA A R, SANS V, MIRAS H N, et al. Assembly of a gigantic polyoxometalate cluster $\{W_{200}Co_8O_{660}\}$ in a networked reactor system [J]. Angew Chem Int Ed, 2012, 51(51): 12759-12762.

[50] MOLINA P I, MIRAS H N, LONG D L, et al. Exploring the assembly of stopramolecular polyoxometalate triangular morphologies with johnson solid cores: $[(Mn^{II}(H_2O)_3)_2(K\{\alpha-GeW_{10}Mn_2^{II}O_{38}\}_3)]^{19-}$ [J]. Inorg Chem, 2013, 52(16): 9284-9289.

[51] WANG S, LIN X, WAN Y, et al. A large, bowl-shaped $\{Mo_{51}V_9\}$ polyoxometalate [J]. Angew Chem Int Ed, 2007, 46(19): 3490-3493.

[52] MISHRA P P, PIGGA J, LIU T B. Membranes based on "Keplerate"-type polyoxometalates: slow, passive cation transportation and creation of water microenvironment [J]. J Am Chem Soc, 2008, 130(5): 1548-1549.

[53] CHEN L F, HU J C, MAL S S, et al. Heterogeneous wheel-shaped Cu_{20}-Polyoxotungstate $[Cu_{20}Cl(OH)_{24}(H_2O)_{12}(P_8W_{48}O_{184})]^{25-}$ catalyst for solvent-free aerobic oxidation of n-hexadecane [J]. Chem Eur J, 2009, 15 (30): 7490-7497.

[54] DU D Y, QIN J S, WANG T T, et al. Polyoxometalate-based crystalline tubu-

lar microreactor: redox - active inorganic - organic hybrid materials producing gold nanoparticles and catalytic properties[J]. Chem Sci, 2012, 3(3): 705-710.

[55] LIU D, LU Y, TAN H Q, et al. Polyoxometalate-based purely inorganic porous frameworks with selective adsorption and oxidative catalysis functionalities [J]. Chem Commun, 2013, 49(35): 3673-3675.

[56] POPE M T, MÜLLER A. Chemistry of polyoxometalates, actual variation on an old theme with interdisciplinary references[J]. Angew Chem Int Ed Engl, 1991, 103(1): 56-70.

[57] ZHENG S T, ZHANG J, YANG G Y. Designed synthesis of POM organic frameworks from $\{Ni_6PW_9\}$ building blocks under hydrothermal conditions[J]. Angew Chem Int Ed, 2008, 47(21): 3909-3919.

[58] HUANG P, QIN C, SU Z M, et al. Self-assembly and photocatalytic properties of polyoxoniobates: $\{Nb_{24}O_{72}\}$, $\{Nb_{32}O_{96}\}$, and $\{K_{12}Nb_{96}O_{288}\}$ clusters[J]. J Am Chem Soc, 2012, 134(34): 14004-14010.

[59] AMMAM M J. Polyoxometalates: formation, structures, principal properties, main deposition methods and application in sensing[J]. J Mater Chem A, 2013, 1(21): 6291-6312.

[60] DUAN C Y, WEI M L, GUO D, et al. Crystal structures and properties of large protonated water clusters encapsulated by metal-organic frameworks[J]. J Am Chem Soc, 2010, 132(10): 3321-3330.

[61] RODRIGUEZ-ALBELO L M, RUIZ-SALVADOR A R, SAMPIERI A, et al. Polyoxometalate-based metal - organic frameworks (Z-POMOFs): computational evaluation of hypothetical polymorphs and the successful targeted synthesis of the redox-active Z-POMOF1[J]. J Am Chem Soc, 2009, 131(44): 16078-16087.

[62] STREB C. New trends in polyoxometalate photoredox chemistry: from photosensitisation to water oxidation catalysis[J]. Dalton Trans, 2012, 41(6): 1651-1659.

[63] YIN P, ZHANG J, LI T, et al. Self-recognition of structurally identical, rod-

shaped macroions with different central metal atoms during their assembly process[J]. J Am Chem Soc, 2013, 135(11): 4529-4536.

[64] 史振雨. 基于多金属氧簇建筑块的有机-无机杂化化合物的分子设计、水热合成和结构表征[D]. 长春:东北师范大学,2006.

[65] LADUCA R L, RARIG R S, ZUBIETA J, Hydrothermal synthesis of organic-inorganic hybrid materials:network structures of the bimetallic oxides [M(Hdpa)$_2$V$_4$O$_{12}$] (M = Co, Ni, dpa = 4,4'-Dipyridylamine)[J]. Inorg Chem, 2001, 40(4): 607-612.

[66] ZHANG Z, YANG J, LIU Y Y, et al. Five polyoxometalate-based inorganic-organic hybrid compounds constructed by a multidentate N-donor ligand: syntheses, structures, electrochemistry, and photocatalysis properties[J]. CrystEngComm, 2013, 15(19): 3843-3853.

[67] LIS B, MA H Y, PANG H J, et al. Assembly of six polyoxometalate-based hybrid compounds from a simple stopramolecule to a complicated pseudorotaxane framework via tuning the pH of the reaction systems[J]. Cryst Growth Des, 2014, 14(9): 4450-4460.

[68] PANG H J, ZHANG C J, SHI D M, et al. Synthesis of a purely inorganic three-dimensional porous framework based on polyoxometalates and 4d-4f heterometals[J]. Cryst Growth Des, 2008,8(12): 4476-4480.

[69] HAN Z H, ZHAO Y L, ZHAO J, et al. Co-existing intermolecular halogen bonding, aryl packing and hydrogen bonding in driving the self-assembly process of Keggin polyoxometalates[J]. CrystEngComm, 2005, 7(63): 380-387.

[70] SHA JQ, SUN J W, WANG C, et al. Syntheses study of Keggin POM stopporting MOFs system[J]. Cryst Growth Des, 2012,12(5): 2242-2250.

[71] LIU M G, ZHANG P P, PENG J, et al. Organic-inorganic hybrids constructed from mixed-valence multinuclear copper complexes and templated by Keggin polyoxometalates[J]. Cryst Growth Des, 2012,12(3): 1273-1281.

[72] LI X, GU Y K, DENG X B, et al. Effect of anions on architectures of transition metal complexes with 1,4-bis(1,2,4-triazol-1-yl)butane[J]. Crys-

tEngComm, 2011, 13(22): 6665-6673.

[73]LU X M, SHI X D, BI Y G, et al. The assembly of phosphometalate clusters with copper complex subunits [J]. Eur J Inorg Chem, 2009, (34): 5267-5276.

[74]SHI S Y, ZOU Y C, CUI X B, et al. 0D and 1D dimensional structures based on the combination of polyoxometalates, transition metal coordination complexes and organic amines[J]. CrystEngComm, 2010, 12(7): 2122-2128.

[75]HAN Z G, GAO Y Z, ZHAI X L, et al. Self-process-programmed structural diversity in stopramolecular assembly based on polyoxometalate anion and halogensubstituted bipyridine cation [J]. Cryst Growth Des, 2009, 9 (2): 1225-1234.

[76]WANG X L, LI J, TIAN A X, et al. Assembly of three Ni^{II}-bis(triazole) complexes by exerting the linkage and template roles of Keggin anions[J]. Cryst Growth Des, 2011,11(8): 3456-3462.

[77]SHA J Q, PENG J, PENG H S, et al. Asymmetrical polar modification of a bivanadium-capped Keggin POM by multiple Cu-N coordination polymeric chains[J]. Inorg Chem, 2007, 46(26): 11183-11189.

[78]LIU C M, ZHANG D Q, ZHU D B. One- and two-dimensional coordination polymers constructed from bicapped Keggin mixed molybdenum-vanadium heteropolyoxoanions and polynuclear copper(I) clusters bridged by asymmetrical bipyridine (2,4'-bipy and 2,3'-bipy) ligands[J]. Cryst Growth Des, 2006, 6(2): 524-529.

[79]TIAN A X, TIAN J, PENG J, et al. Tuning the dimensionality of the coordination polymer based on polyoxometalate by changing the spacer length of ligands[J]. Cryst Growth Des, 2008,8(10): 3717-3724.

[80]LIU S Q, KURTH D G, BREDENKÖTTER B, et al. The structure of self-assembled multilayers with polyoxometalate nanoclusters[J]. J Am Chem Soc, 2002, 124(41): 12279-12287.

[81]FERNANDES D M, BRETT C M A, CAVALEIRO A M V. Layer-by-layer self-assembly and electrocatalytic properties of poly(ethylenimine)-silicotung-

state multilayer composite films[J]. J Solid State Electr, 2011, 15(4): 811-819.

[82] COSKUN S, AKSOY B, UNALAN H E. Polyol synthesis of silver nanowires: an extensive parametric study [J]. Cryst Growth Des, 2011, 11 (11): 4963-4969.

[83] THORP-GREENWOOD F L, KULAK A N, HARDIE M. Three-dimensional silver-dabco coordination polymers with zeolitic or three-connected topology [J]. Cryst Growth Des, 2014, 14(11): 5361-5365.

[84] STREB C, RITCHIE C, LONG D L, et al. Modular assembly of a functional polyoxometalate-based open framework constructed from unstopported $Ag^I \cdots Ag^I$ interactions[J]. Angew Chem Int Ed, 2007, 46(40): 7579-7582.

[85] AN H Y, LI Y G, WANG E B, et al. Self-assembly of a series of extended architectures based on polyoxometalate clusters and silver coordination complexes[J]. Inorg Chem, 2005, 44(17): 6062-6070.

[86] PANG H J, CHEN J, PENG J, et al. Synthesis of a Ag-bridged V-centred tungstovanadate dimer capped by [Ag(phen)] units [J]. Solid State Sci, 2009, 11 (4): 824-828.

[87] GAO G G, CHENG P S, MAK T C W. Acid-induced surface functionalization of polyoxometalate by enclosure in a polyhedral silver-alkynyl cage[J]. J Am Chem Soc, 2009, 131(51): 18257-18259.

[88] SHA J Q, SUN J W, WANG C, et al. Syntheses study of Keggin POM stopporting MOFs system[J]. Cryst Growth Des, 2012, 12(5): 2242-2250.

[89] YU Y, MA H Y, PANG H J, etal. Modulating the polyoxometalate-based inorganic-organic hybrids from simple chain to complicated framework via changing POM clusters[J]. RSC Adv, 2014, 4(105): 61210-61218.

[90] SHA J Q, PENG J, ZHANG Y, et al. Assembly of multiply chain-modified polyoxometalates: from one- to three-dimensional and from finite to infinite track[J]. Cryst Growth Des, 2009, 9(4): 1708-1715.

[91] LI S B, ZHU W, MA H Y, et al. Structure and bifunctional electrocatalytic activity of a novel 3D framework based on dimeric monocopper-substituted

polyoxoanions as ten-connected linkages[J]. RSC Adv, 2013, 3(25): 9770-9777.

[92]HOU G F, BI L H, LI B, et al. Reaction controlled assemblies of polyoxotungstates (-molybdates) and coordination polymers[J]. Inorg Chem, 2010, 49 (14): 6474-6483.

[93]TENG Y L, DONG B X, PENG J, et al. Spontaneous resolution of 3D chiral hexadecavanadate-based frameworks incorporating achiral flexible and rigid ligands[J]. CrystEngComm, 2013, (15): 2783-2785.

[94]SHA J Q, LIANG L Y, SUN J W, et al. Significant surface modification of polyoxometalate by smart silver-tetrazolate units[J]. Cryst Growth Des, 2012, 12(2): 894-901.

[95]TIAN A X, YINGJ, PENG J, et al. Assembly of the highest connectivity Wells-Dawson polymer: the use of organic ligand flexibility[J]. Inorg Chem, 2008, 47(08): 3274-3283.

[96]BENSCH W, HUG P, EMMENEGGER R. Preparation, crystal structure and thermal behaviour of ethylenediammonium-molybdate[J]. Mater Res Bull, 1987, 22(4): 447-454.

[97]BRIDGEMAN A J. The electronic structure and stability of the isomers of octamolybdate[J]. J Phys Chem A, 2002, 106(50): 12151-12160.

[98]WU C D, LU C Z, ZHUANG H H, et al. Hybrid coordination polymer constructed from beta-octamolybdates linked by quinoxaline and its oxidized product benzimidazole coordinated to binuclear copper(I) fragments[J]. Inorg Chem, 2002, 41(22): 5636-5637.

[99]XIAO D R, HOU Y, WANG E B, et al. Hydrothermal synthesis and characterization of an unprecedented eta-type octamolybdate: [{Ni(phen)$_2$}$_2$ (Mo$_8$O$_{26}$)][J]. Inorg Chim Acta, 2004, 357(9): 2525-2531.

[100]LONG D L, K GERLER P, FARRUGIA L J, et al. Reactions of a {Mo$_{16}$}-type polyoxometalate cluster with electrophiles: a synthetic, theoretical and magnetic investigation[J]. J Chem Soc, Dalton Trans, 2005, (8): 1372-1380.

[101] LONG D L, KÖGERLER P, FARRUGIA L J, et al. Restraining symmetry in the formation of small polyoxomolybdates: building blocks of unprecedented topology resulting from "shrink-wrapping" [$H_2Mo_{16}O_{52}$]$^{10-}$-type clusters [J]. Angew Chem Int Ed, 2003, 42(35): 4180-4183.

[102] ALLIS D G, RARIG R G JR, BURKHOLDER E, et al. A three-dimensional bimetallic oxide constructed from octamolybdate clusters and copper-ligand cation polymer subunits. A comment on the stability of the octamolybdate isomers[J]. J Mol Struct, 2004, 688(1-3): 11-31.

[103] HAGRMAN D, ZUBIETA C, ROSE D J, et al. Composite solids constructed from one-dimensional coordination polymer matrices and molybdenum oxide subunits: polyoxomolybdate clusters within [{Cu(4,4'-bpy)}$_4$Mo$_8$O$_{26}$] and [{Ni(H$_2$O)$_2$(4,4'-bpy)$_2$}$_2$Mo$_8$O$_{26}$] and one-dimensional oxide chains in [{Cu(4,4'-bpy)}$_4$Mo$_{15}$O$_{47}$] · 8H$_2$O[J]. Angew Chem Int Ed Engl, 1997, 36(8): 873-876.

[104] ALLIS D G, BURKHOLDER E, ZUBIETA J. A new octamolybdate: observation of the theta-isomer in [Fe(tpyprz)$_2$]$_2$[Mo$_8$O$_{26}$] · 3.7H$_2$O (tpyprz = tetra-2-pyridylpyrazine)[J]. Polyhedron, 2004, 23(7): 1145-1152.

[105] HAGRMAN D, ZAPF P J, ZUBIETA J. Two-dimensional network constructedfrom hexamolybdate, octamolybdate and [Cu$_3$(4,7-phen)$_3$]$^{3+}$ clusters: [{Cu$_3$(4,7-phen)$_3$}$_2${Mo$_{14}$O$_{45}$}][J]. Chem Commun, 1998, (12): 1283-1284.

[106] RARIG R S, ZUBIETA J. Hydrothermal synthesis and structural characterization of an organic-inorganic hybrid material: (H$_2$tptz)$_2$[δ-Mo$_8$O$_{26}$] · 2H$_2$O (tptz=2,4,6-tripyridyltriazine)[J]. Inorg Chim Acta, 2001, 312(1-2): 188-196.

[107] HO R K C, KLEMPERER W G. Polyoxoanion stopported organometallics: synthesis and characterization ofα [(η-C$_5$H$_5$)Ti(PW$_{11}$O$_{39}$)]$^{4-}$[J]. J Am Chem Soc, 1978, 100(21): 6772-6774.

[108] KNOTH W H, HARLOW R L. Derivatives of heteropolyanions. 3. O-alkylation of Mo$_{12}$PO$_{40}$$^{3-}$ and W$_{12}$PO$_{40}$$^{3-}$[J]. J Am Chem Soc, 1981, 103(14):

4265-4266.

[109]ZONNEVIJLLE F, POPE M T. Attachment of organic grotops to heteropoly oxometalate anions[J]. J Am Chem Soc, 1979, 101(10): 2731-2732.

[110]ZHAI Q G, WU X Y, LU C Z, et al. Construction of Ag/1,2,4-triazole/polyoxometalates hybrid family varying from diverse stopramolecular assemblies to 3-D rod-packing framework[J]. Inorg Chem, 2007, 46(12): 5046-5058.

[111]ABBAS H, STREB C, Pickering A L, et al. Molecular growth of polyoxometalate architectures based on [-Ag{Mo₈}Ag-] synthons: toward designed cluster assemblies[J]. Cryst Growth Des, 2008, 8(2): 635-642.

[112]DONG B X, Xu Q. Investigation of flexible organic ligands in the molybdate system: delicate influence of a peripheral cluster environment on the isopolymolybdate frameworks[J]. Inorg Chem, 2009, 48(13): 5861-5873.

[113]SHI Z Y, GU X J, PENG J, et al. An unprecedented one-dimensional chain constructed from β-Octamolybdate clusters and two kinds of silver complex fragments[J]. Eur J Inorg Chem, 2005, (19): 3811-3814.

[114]ZANG H Y, LAN Y Q, SU Z M, et al. Two new octamolybdate-based metal-organic polymers: structures, semiconducting and photoluminescent properties [J]. J Mol Struct, 2009, 935(1-3): 69-74.

[115]TIAN C H, SUN Z G, LI J, et al. Synthesis and crystal structures of two new inorganic-organic hybrid polyoxomolybdate complexes: $[imi]_4[\{Co(imi)_2(H_2O)_2\}Mo_7O_{24}] \cdot 4H_2O$ and $[Zn(imi)_4]_2[(imi)_2Mo_8O_{26}] \cdot 6H_2O[J]$. Inorg Chem Commun, 2007, 10(7): 757-761.

[116]HAN Z G, GAO Y Z, ZHAI X L, et al. Self-process-programmed structural diversity in stopramolecular assembly based on polyoxometalate anion and halogensubstituted bipyridine cation[J]. Cryst Growth Des, 2009, 9(2): 1225-1234.

[117]ZANG H Y, LAN Y Q, SU Z M, et al. Step-wise synthesis of inorganic-organic hybrid based on γ-octamolybdate-based tectons[J]. Dalton Trans, 2011, 40(13): 3176-3182.

[118]LU X M, SHI X D, BI Y G, et al. The assembly of phosphometalate clusters with copper complex subunits [J]. Eur J Inorg Chem, 2009, (34): 5267-5276.

[119]GAO G G, XU L, QU X S, et al. New approach to the synthesis of an organopolymolybdate polymer in aqueous media by linkage of multicarboxylic ligands[J]. Inorg Chem, 2008, 47(8): 3402-3407.

[120]ZHANG P P, PENG J, PANG H J, et al. An interpenetrating architecture based on the Wells-Dawson polyoxometalate and $Ag^I \cdots Ag^I$ interactions[J]. Cryst Growth Des, 2011, 11(7): 2736-2742.

[121]ZHANG C J, PANG H J, TANG Q, et al. A new 3D hybrid network based on octamolybdates: the coexistence of common helix and meso-helix[J]. Inorg Chem Commun, 2011, 14(15): 731-733.

[122]PANG H J, PENG J, ZHANG C J, et al. A polyoxometalate-encapsulated 3D porous metal - organic pseudo - rotaxane framework [J]. Chem Commun, 2010, 46(28): 5097-5099.

[123]PANG H J, ZHANG C J, SHI D M, et al. Synthesis of a purely inorganic three-dimensional porous framework based on polyoxometalates and 4d-4f heterometals[J]. Cryst Growth Des, 2008, 8(12): 4476-4480.

[124]YU T T, WANG K, MA H Y, et al. Assembly of Co-bimb-polyoxotungstate hybrids: from 1D chain to 3D framwork influenced by the charge of Keggin anions[J]. RSC Adv, 2014, 4(5): 2235-2241.

[125]SADAKANE M, STECKHAN E. Electrochemical properties of polyoxometalates as electrocatalysts[J]. Chem Rev, 1998, 98(1): 219-238.

[126]SHI Z Y, GU X J, PENG J, et al. From molecular double-ladders to an unprecedented polycatenation: a parallel catenated 3D network containing bicapped Keggin polyoxometalate clusters[J]. Eur J Inorg Chem, 2006, (2): 385-388.

[127]GU X J, PENG J, SHI Z Y,et al. Target syntheses of saturated Keggin polyoxometalate-based extended solids[J]. Inorg Chim Acta, 2005, 358(13): 3701-3710.

［128］GONG Y, WU T, LIN J H, et al. Metal-organic frameworks built from achiral cyclohex-1-ene-1,2-dicarboxylate: syntheses, structures and photoluminescence properties［J］. CrystEngComm, 2012, 14(17): 5649-5656.

［129］BAI Y, HE G J, ZHAO Y G, et al. Porous material for absorption and luminescent detection of aromatic molecules in water［J］. Chem Commun, 2006, (14):1530-1532.

［130］ZOU J P, PENG Q, WEN Z, et al, Two novel metal-organic frameworks (MOFs) with (3,6)-connected net topologies: syntheses, crystal structures, third-order nonlinear optical and luminescent properties［J］. Cryst Growth Des, 2010, 10(5): 2613-2619.

［131］BAKER L C W. The stabilities of the 9-molybdomanganate (IV) and 9-molybdonickelate (IV) ions［J］. J Inorg Nucl Chem, 1966, 28(2): 447-454.

［132］GAVRILOVA L O, MOLCHANOV V N. Complexation of heteropoly anion $[MnMo_9O_{32}]^{6-}$ with lanthanide ions［J］. Russ J Coord Chem, 2005, 31(6): 427-435.

［133］HALL R D. Combinations of the sesquioxides with the acid molybdates［J］. J Am Chem Soc, 1907, 29(5): 692-714.

［134］WAUGH J L T, SHOEMAKER D P, PAULING L. On the structure of the heteropoly anion in ammonium 9-molybdomanganate, $(NH_4)_6[MnMo_9O_{32}]$ · $8H_2O$［J］. Acta Cryst, 1954, 7(5): 438-441.

［135］CHENG H Y, REN Y H, LIU S X, et al. Syntheses, structures and spectroscopic characterization of extended Waugh-type polyoxometalates with metal ions as linkers［J］. Z Anorg Allg Chem, 2008, 634(5): 977-980.

［136］苏占华. 金属配合物修饰多钼酸盐的合成与晶体结构及性能［D］. 哈尔滨:哈尔滨工业大学,2009.

［137］KIM C G, COUCOUVANIS D. Dimerization of the $[(SO_4)Mo(O)(\mu-S)_2Mo(O)(SO_4)]^{2-}$ dianions stabilized by a quadrtoply bridging sulfate ligand and intramolecular hydrogen bonding by the $[(CH_3)_2NH_2]^+$ cations. Structures of the $[(CH_3)_2NH_2]_{6-x}(Et_4N)_x[\{(SO_4)Mo(O)(\mu-S)_2Mo(O)(SO_4)\}_2(SO_4)]$ aggregates (x = 1, 2, 2.5)［J］. Inorg Chem, 1993, 32

(11): 2232-2233.

[138] YUAN M, LI Y G, WANG E B, et al. Modified polyoxometalates: hydrother-mal syntheses and crystal structures of three novel reduced and capped Keggin derivatives decorated by transition metal complexes[J]. Inorg Chem, 2003, 42(11): 3670-3676.

[139] WANG X L, LI N, TIAN A X, et al. Two polyoxometalate-directed 3D metal-organic frameworks with multinuclear silver-ptz cycle/belts as subunits [J]. Dalton Trans, 2013, 42(41): 14856-14865

[140] HAN Z G, ZHAO Y L, PENG J, et al. The electrochemical behavior of Keg-gin polyoxometalate modified by tricyclic, aromatic entity[J]. Electroanal, 2005, 17(12):1097-1102.

[141] TAN H Q, CHEN W L, LI Y G, et al. A series of pure inorganic eight-con-nected elf-catenated network based on Silverton-type polyoxometalate[J]. J Solid State Chem, 2009,182 (3): 465-470.